儿童青少年
习惯心理学

李进林◎著

西苑出版社
XIYUAN PUBLISHING HOUSE
·北京·

图书在版编目（CIP）数据

儿童青少年习惯心理学 / 李进林著 . -- 北京 : 西
苑出版社 , 2020.12
ISBN 978-7-5151-0780-6

Ⅰ . ①儿… Ⅱ . ①李… Ⅲ . ①习惯性－能力培养－儿
童教育－家庭教育②习惯性－能力培养－青少年教育－家
庭教育 Ⅳ . ① B842.6 ② G782

中国版本图书馆 CIP 数据核字 (2020) 第 195035 号

儿童青少年习惯心理学

ERTONG QINGSHAONIAN XIGUAN XINLIXUE

责任编辑　汪昊宇　刘　崴
封面设计　张合涛
出版发行　西苑出版社 XIYUAN PUBLISHING HOUSE
地　　址　北京市朝阳区和平街 11 区 37 号楼 邮政编码：100013
电　　话　010-88636419
印　　刷　旭辉印务（天津）有限公司
经　　销　全国各地新华书店
开　　本　880mm×1230mm　1/32
字　　数　150 千字
印　　张　7
版　　次　2020 年 12 月第 1 版
印　　次　2021 年 1 月第 1 次印刷
书　　号　ISBN 978-7-5151-0780-6
定　　价　49.80 元

前言
Preface

晚自习的铃声响起，教室里乱成一团，有些孩子发现自己没有带作业本，需要出去拿；有些孩子发现自己课间没有上厕所，急着往外跑；有些孩子开始聚成一团，说要讨论学习，不讨论就没办法学习；还有些孩子戴起了耳机，想要屏蔽身边的各种噪声，沉浸在自己的世界里……这是某高中晚自习的真实场景。

这时，老师进来了，面对乱糟糟的教室，她无奈地大声喊："安静！回到自己的座位上，独立学习。"一部分同学听到老师的要求后，默默地回到了自己的座位上，另一部分同学还继续用言语挑衅老师，要求老师同意他们在座位上与别人讨论问题。也有个别同学来跟老师说，他们忘了拿晚自习要用的书了，需要去走廊的书柜里拿一下，当他们的要求被拒绝时，又气呼呼地坐下，趴在桌子上睡觉，以示抗议。

教育家叶圣陶先生说："什么是教育？简单地说，就是养成良好的习惯。"哲学家培根也曾说："习惯是可以主宰人生的，是一种顽强而巨大的力量。"那么，什么是习惯呢？心理学上认为，习惯是指在一定情景下自发地去进行某些活动的心理倾向。有些习惯是无意识的、多次重复的结果，还有些习惯是通过自己有意识地反复练习而形成的。而更广义的习惯还应包括社会上约定俗成的一些集体行为，或是在一定文化环境中出现的从众行为。

对幼儿阶段的孩子来说，经过父母或其他照料者的长期引导，他们会养成饭前洗手的习惯，一旦到了吃饭的时间，就会自动地去洗手。照料者的语言方式将极大地影响幼儿的表达方式，如照料者温声细语，幼儿也很容易习得这种语言方式；如照料者喜欢高声大叫，幼儿经过长期模仿也会养成这种语言习惯。因此，幼儿阶段是养成生活习惯和语言习惯的关键期。这个阶段的孩子是否能养成某种习惯，主要是依赖于其照料者的言语和行为，此时的习惯养成对孩子来说是无意识的心理过程。

到了青少年阶段，孩子要面对多种任务，同时又处在身心发展不平衡的青春期，需要面临多种考验，经过老师的专业指导，他们在期望、压力和梦想的驱使下会养成自我调节的习惯，并且学会控制自己的情绪，不轻易爆发强烈的情感。同时，他们还会有选择地社交，为了平衡学业与人际关系，他们可能会将最高效的时间用于做最重要的事情，而在学习感到疲惫时与朋友在篮球场一决高低。因此，这一阶段是养成情绪情感习惯和人际关系习惯的关键期。这个阶段习惯的养成，是青少年处理意识冲突的心理过程。

由此可见，随着孩子认知能力的发展，他们会逐渐养成不同方面的习惯。显然，除了认知水平，每一种习惯的养成都少不了环境的作用。在开篇的故事场景中，那些到了课堂之后才想起来自己丢三落四的同学，显然是没有养成良好的学习习惯；那些下课不去上厕所、上课才想起来的同学，肯定是没有养成良好的生活习惯；那些一到了学习时间就想听别人“说书”，即倾向于讨论式学习的人，其实是没有养成独立的思维习惯；那些期望通过挑衅的方式获得老师许可的人，可能没有掌握良好的表达习惯；而那些因为自己没有做好上课的准备而去迁怒老师，并以在课堂上睡觉的方式表达抗议的人，可能反映了他们在情绪、思维方式和人际关系上的多重不良习惯。这些习惯导致他们自动地去挑衅、去拖延、去消极应对情绪问题。总之，习惯的养成受很多因素的影响。

第一，认知水平的发展。毫无疑问，认知水平的发展是习惯养成的前提和基础。我们无法通过训练让 3 岁的儿童养成每天早起晨读的习惯，因为他们还不具有这样的认知水平。但是我们可以通过训练让这个年龄的儿童养成每天早起看动画片的习惯，因为这是他们在目前的认知水平下能完成的任务。

第二，环境的影响。当一个人生活在没有约束或极少有约束的家庭环境中，他可能就不会认识到自我约束的重要性。那么，当他离开家庭、走进校园时，也就不会认为，不对自己进行约束是一件错误的事情，尽管他也很清楚学校的规章制度对他做了哪些约束和要求。因此，是否能从内心认同文化环境，对习惯的养成有重要的影响。

第三，自我调节的作用。我们知道，抓住发展的关键期，有利于实现发展的目标。但是这并不意味着，错过关键期，就一定只能原地踏步。事实上，经验告诉我们，随着年龄的增长，认知水平也在逐步发展，儿童在高年级时，会更容易完成低年级的任务，即使当时他们觉得那是很艰巨的任务。

第四，人际关系的制约。从众心理告诉我们，很多事情是人们在人际关系的制约下，不由自主地去做的。某个高中老师告诉我，班级里忽然之间就出现了攀比名牌的不良习惯。最初，只是个别同学穿了一件名牌衣服，紧接着有一个小团体的同学都纷纷加入了穿名牌的行列，最后几乎全班同学都开始攀比谁的衣服最贵。

那么，从家庭教育者或学校教育者的角度来看，如何能帮助儿童青少年在关键期养成相应的习惯呢？

首先，我们要让儿童青少年认识习惯的意义。每个习惯都有一定的社会意义。比如，养成运动的习惯，旨在获得健康的体魄；养成阅读的习惯，旨在丰富有趣的灵魂；养成使用礼貌用语的习惯，旨在促进人际关系朝着令人愉悦的方向发展。

其次，要对习惯有明确的评价体系。如何评估一个儿童青少年是否养成了某种习惯？还有另一个问题，如何区分一个儿童青少年的习惯是否符合家长或老师的期待？

最后，要让儿童青少年从情感上向往习惯的力量。从理智上来说，很多儿童青少年都深知习惯所蕴含的强大力量。但是，他们在情感上却不一定真正向往这种力量。

目录
Contents

第六章　课外活动习惯篇：技多也压身

第一章

生活习惯篇：好习惯成就好未来

第一节 熬夜：每个孩子对睡眠的需求不同

睡眠是人类的基本需求，然而随着电子产品和通信技术的发展，我们的睡眠时间越来越少，并且入睡时间也越来越晚。从婴幼儿期开始，家长经常感到烦恼，不知道该如何让孩子睡个整夜觉。而当孩子渐渐长大了，有了自主意识，知道自己想玩什么时，家长就更头疼了——因为孩子上床睡觉的时间越来越晚，担心孩子睡眠不足，影响身体发育。进入青春期的孩子，似乎是能量无限的，他们关起门来，你根本不知道他们在做什么、夜里是几点睡的，所以家长甚至只能通过没收电子设备或拉闸限电来控制孩子的睡眠时间。因此，如何培养孩子形成健康的生物钟，成了众多家长心中的问题。

那么，儿童青少年在成长的过程中会遇到哪些睡眠习惯问题呢？这些问题的背后有哪些心理原因？下面我们从儿童青少年成长的各个年龄阶段来逐一回答这些问题。

婴儿期的睡眠习惯及心理分析

婴儿期是个体在一生发展中经历的比较特殊的时期。婴儿的大脑一直处在生长发育中，因此，婴儿的睡眠模式受大脑发育的影响很大。新生儿，即从出生到 28 天以内的婴儿，睡眠时间可能达到每天20个小时左右。但是，也有一些婴儿由于受到环境的影响，出现睡眠不安的情况，如哭闹、要人抱，甚至要摇晃着才能入睡。

父母或直接照料者的养育方式会影响婴儿的睡眠时间，如祖辈在哄婴儿入睡时逗笑婴儿，或是担心婴儿在床上睡不好，而坚持要抱着睡。有些婴儿非常警觉，本来抱着已经睡着了，但是一放到床上，又立马醒了，并开始哇哇大哭。家长只好再次抱起来轻轻摇晃，直到婴儿真正入睡。这个过程可能会重复好几遍，直到婴儿疲惫不堪，沉沉睡去。

有些婴儿晚上不睡，白天不醒。他们白天睡得很沉，家长甚至经常担心会不会饿着他们了。睡得香甜的婴儿，简直像天使一样美好，很多妈妈在这时充满了幸福感和满足感。然而，一到凌晨1点或2点，婴儿就像体内有个闹钟一样，总是会准时醒来，必须有家长起来陪着哄，否则就哭闹不止，也很难再次入睡。等到了早晨七八点，天使又再次降临，婴儿又心满意足地睡了。

幼儿期的睡眠习惯及心理分析

幼儿刚刚进入幼儿园时，一般会需要一段时间调整自己的作息。因为午饭时间比较早，基本上午饭后就开始进入午睡时间。幼儿由于刚进入新环境，一方面对周围的一切充满好奇；另一方面又对周围的环境缺乏安全感。因此，幼儿在幼儿园的午睡问题通常会表现为认床、入睡困难，或是因过度紧张而导致的尿床。

在幼儿园里，午睡的表现通常是学校考查评估学生是否能正常适应学校生活的一项重要指标，如果幼儿不能按时入睡，或入睡后惊醒、说梦话、尿床等，会被认为是适应不良。而午睡充足的幼儿，通常会以更好的状态投入班级活动中，会拥有好心情、好脾气和好身体。

进入幼儿园之后，幼儿的独立玩耍时间、与家人的相处时间都会大大减少。因此，有些幼儿从幼儿园回到家之后，便会补偿式地在户外玩到天黑回家，回家后又要求家长读绘本、讲故事或是自己玩玩具，不断推迟上床睡觉的时间。第二天，没睡好的幼儿又需要按时起床去上学，因此睡眠时间大打折扣，造成一定程度的睡眠不足。

还有一些家长在幼儿期就为幼儿开始报各种早教班、兴趣班，导致幼儿还要花费很多时间在路上奔波。到家后，幼儿已经身体疲惫、情绪崩溃了，有时甚至连晚饭都没有来得及吃就睡着了。有的家长会坚持让幼儿吃完晚饭再睡，不论幼儿是不是已经困得不行了。而吃完饭的幼儿已经过了困意，又继续玩耍，最终又导致晚睡。不论是饿着肚子睡觉，还是吃饱了肚子玩到很晚才睡觉，都是不利于幼儿健康成长的。哪怕只是每天晚睡了半小时，长期累积下来的对睡眠的剥夺，必然还是会影响幼儿的认知发展，尤其是会对记忆力造成损害。

青少年期的睡眠习惯及心理分析

心理学家做过很多关于青少年睡眠的实验，通过比较研究得出了相似的结论，即智力高的青少年每晚的睡眠时间比同龄人的平均睡眠时间长 30 ～ 40 分钟，而且睡眠时间长的青少年在学习上取得的成绩明显高于睡眠不足的同龄人。这似乎是在告诉我们，成绩差的孩子应该多睡觉，提高智力水平。然而，在现实中，情况却正好相反。成绩好的孩子早早完成作业，可以按时睡觉，而成绩不好的孩子，完成作业所需的时间更长，通常会睡得更晚。更糟糕的是，为了改变这一现象，家长可能还会给孩子报辅导班，导致孩子不得不花更多的时间去应付作业，也因此睡得更少。

如果说，晚睡给婴幼儿带来的伤害可能小于对家长带来的伤害，因为他们虽然睡得晚，但可能在其他时间还有所弥补。那么，晚睡对学龄期的青少年伤害是最大的。由于青少年的学习任务加重，各项大大小小的活动挤满了日程表，因此，他们晚上缺失的睡眠也很难有机会在白天弥补回来。

随着经济水平的提高，很多家长给孩子配备了智能手机。在学习了一天之后，夜晚的被窝里，总是闪烁着微弱的光芒——悄悄玩手机似乎成了很多中学生，甚至是小学生养成的坏习惯。他们可能沉迷于游戏、电影，也可能只是单纯地刷微博、朋友圈、QQ 空间，去给他人点赞或评论，哪怕手机早已玩得发烫，也不舍得放下。只有耗尽最后一格电，才恋恋不舍地抱着手机疲惫地睡去。

在夜晚，当他们的身体已经进入睡眠状态时，玩手机的大脑还兴奋着。到了白天，身体已经在活动了，而大脑却陷入了昏睡中。滥用电子产品带来的睡眠紊乱，给青少年造成的伤害不容小觑。轻则会导致上课时注意力不集中，对课堂上老师讲的内容记不住；重则对脑神经造成不可逆转的伤害。

有些孩子喜欢戴着耳机听着音乐睡觉，还有些家长信奉“磨耳朵”练英语，在孩子睡觉时，也开着英语广播作为背景音乐。这些习惯其实都会影响孩子的睡眠质量。戴耳机的孩子由于耳朵被堵住了，在睡着时，还会存在其他危险。

要想养成好的睡眠习惯，我们该怎么做

第一，我们要认识到人体内在生物钟受到遗传的影响，因此生物钟存在个体间的差异。这意味着每个人对睡眠的需求是不一样的，他们养成的睡眠模式自然也会不同。有些孩子每天睡 8 个小时，感觉精力充沛，而还有些孩子则在睡了 9 个小时之后，仍然觉得困乏未解、昏头昏脑。同时，我们还应认识到缺乏睡眠和过度睡眠对人体都是有害的，因此必须掌握睡眠平衡。

第二，我们要认识到睡眠的规律，即人的睡眠分为慢波睡眠和快波睡眠两个阶段。在慢波睡眠阶段，人处在深度睡眠中，有利于体力的恢复；而在快波睡眠阶段，人的大脑活动类似于人在清醒时的活动强度。因此，如果人在快波睡眠阶段被唤醒，会导致头昏脑涨、精神不济、情绪暴躁。要想睡得安稳，促进精力恢复，就可以按照要起床的时间来安排入睡的时间，确保孩子不在快波睡眠阶段被提前叫醒。

第三，我们要执行严格的睡眠纪律，来帮助儿童青少年养成良好的睡眠习惯。说简单一点儿，就是要确保孩子在该睡的时候睡，该醒的时候醒。小辉的妈妈要求小辉睡觉前必须背诵一篇英

语课文，而小辉为了逃避背诵英语课文，则会故意在写作业时磨磨蹭蹭，拖延时间。为了执行到点必须睡觉的纪律，小辉的妈妈将背诵英语课文的任务调整到每天早起之后，这样小辉写作业的速度明显提上来了，睡得早，记忆力也明显提高了，背起课文来也不觉得像以前那么费力了。

第二节　挑食：零食里藏着说不出的快乐

吃是儿童成长中很重要的一部分，吃得好是长得好、学得好的前提。然而，在儿童成长过程中，总是会有很多坏习惯让人头疼，如挑食、追着喂饭、吃饭磨蹭、暴饮暴食、偏爱甜食和高热量食物、节食等。那么，这些吃饭的坏习惯是如何形成的？背后又存在什么样的心理原因呢？其实，养育者的喂养习惯、孩子自身的性格特点都是坏习惯的源头。

怎么吃才能让家长和孩子都满意呢？下面，我们来看看儿童青少年在各个年龄阶段吃饭时存在的典型问题，再逐个击破难题，科学地帮助孩子养成健康的饮食习惯。

婴儿期的饮食习惯及心理分析

从婴儿开始摄入辅食起，家长就很头疼——不知道该给婴儿吃什么，怎样吃才能长出好身体。有些年轻的家长迷信海淘，不远万里从国外购买诸如泡芙、手指饼干之类的零食或辅食。婴儿在刚开始接触零食时，总是特别敏感的。逐渐地，他们会发现有的零食能给自己带来快乐，而有些零食则会让自己厌恶。他们会在看到自己喜欢的零食时表现出欢呼雀跃的情绪。

有些婴儿在面对新食物时，会因为一次的“受挫”，而不肯再尝试。以至于当婴儿再次见到这类食物时，会表现出排斥心理，家长再怎么“诱骗”，他们都坚决把嘴巴闭得紧紧的。

对自己喜欢的食物，婴儿会一直吃、一直吃，直到实在吃不动为止。这时，很多家长，尤其是爷爷奶奶，还会感到很高兴，因为在他们看来，吃得多才能长得高，吃得多才能有营养。其实不然，在婴儿早期，婴儿并不知道自己有没有吃饱，看到喜欢吃的东西，会产生自然的进食冲动。家长如果不对婴儿的饭量进行必要的控制，可能会使婴儿摄入太多，对身体造成负担，最终影响婴儿身体发育。

婴儿还处在认知发展的初期，没有能力平衡饥饿与进食之间的关系，所以基本上处于一个被动接受饮食的阶段。因此，父母或直接照料者要帮助婴儿建立进食冲动与饥饿感之间的平衡。一个接受母乳喂养的婴儿，如果条件允许，他会一直享受母乳到 1 岁、2 岁，甚至 3 岁。大多数情况下，家长会在婴儿 6 个月大时，主动给婴儿添加辅食。最初从原味米粉开始，等婴儿逐渐适应了新食物后，再添加果汁、蔬菜，然后加入鱼、蛋和肉。这个阶段我们可以帮助婴儿尝试新食物，并让他学会正确表达饱腹感与饥饿感。

幼儿期的饮食习惯及心理分析

3 岁的小欣在进入幼儿园前，吃饭很费劲，总是吃几口就离开了板凳。无奈之下，奶奶只好去追着喂。她一边玩玩具，一边张口接过奶奶递来的饭菜。奶奶明知追着喂饭是个坏习惯，但是心里想着，追着喂，总比让孩子饿肚子强啊，反正孩子早晚能学会自己吃饭的。

其实追着喂饭有很多危害，家长只有正确认识这些危害，才能有意识地改变习惯。首先，追着喂饭会破坏孩子对饱饿的判断，因为他们被迫接受食物，没有时间判断自己是否吃饱了。因此，家长要让孩子感受到适当的饥饿，这样他们才会调节进食冲动与饥饿感之间的平衡。其次，追着喂饭会导致孩子不分时间、地点吃饭，从而养成不健康的饮食习惯。最后，孩子会养成事事依靠他人的习惯，缺少责任感，比如，玩具不自己收，书包不自己背，因为他们知道只要自己不做，就自然有人帮着做。

如果你问一个爱吃零食的孩子：“你为什么喜欢吃零食呀？”她可能会天真地回答：“因为零食里藏着快乐呀。我吃零食就感到很快乐！”你看见了吗？孩子将自己与零食之间建立了情感联系，零食等于快乐。而吃饭又等于什么呢？吃饭可能意味着受挫，因为孩子还没有熟练地使用筷子、勺子，吃一顿饭可能会多次挨家长的批评和唠叨。对幼儿来说，所有的食物都可能成为他们的玩具，他们会用手捏一捏面条，用嘴巴舔一舔蛋壳。这个时候，如果他们被家长喝止住，就可能会对吃饭这件事产生消极的心理印象。

在幼儿期，家长要帮助孩子建立自己与食物之间的联系，比如，让孩子坐在自己的餐桌旁，用自己的餐具，用手抓着吃也没有关系。随着孩子的长大，逐渐用适合他们的餐具就餐，孩子能自信地使用餐具，能享受食物带来的快乐，便会养成健康的饮食习惯。

青少年期的饮食习惯及心理分析

10 岁的小原每天晚上回家吃饭都提不起精神，随便敷衍几口就放下了碗筷。妈妈通过观察发现，小原每天放学后在学校门口的小卖部里买烤肠和奶茶，难怪他一到晚饭时间，就已经没有食欲了。似乎只有高热量、高碳水化合物和甜食才能引起小原的兴趣，而长期吃这些高糖、高热量食物的坏习惯，已经让他的牙齿开始损坏，脾气也变得越来越暴躁。

糖分能给人带来愉悦感，除了糖分，还有心理上的连接能给孩子带来安全感。因此，要帮助孩子戒糖，第一步就是要给孩子足够的安全感，我们要接纳孩子的全部，从他的健康出发，给他设定规则，增加约束，并奖励他的进步。

16 岁的小美自从进入高中之后，就开始了节食计划。她说身边的同学都在减肥，必须少吃，甚至不吃。她已经一个月没有吃晚饭了，瘦了 20 斤。她对吃饭渐渐产生了厌恶的心理，小美的妈妈很担心本来就很消瘦的孩子会把身体饿坏了，小美则自信地认为饿习惯就好了。小美根本没有意识到自己已经得了神经性厌食症。

神经性厌食症是指有些人长期不愿进食或只摄取少量的食物。这些人对食物的兴趣并没有完全丧失，一般只是由于变瘦的愿望达到病理性的程度而引起的。神经性厌食症的部分原因与心理因素和过分节食有关。少男少女在校园里，面对周围人对体胖者的负面评价，内心渴望减轻体重，渴望成为受人瞩目的焦点，于是他们过分地节食，久而久之，导致生理功能紊乱，造成神经性厌食症。

家长要正确引导孩子的审美，病态的瘦不是真正的美，健康活泼才是少男少女该有的风采。合理进食、多吃蔬菜水果、加强运动也能起到瘦身健美的效果。

而小宇则在吃的路上停不下来，暴饮暴食的他体重一路飙升，现在已经出现了明显的肥胖症。小宇的妈妈也同样感到焦虑，似乎小宇怎么吃也吃不饱。

暴饮暴食的孩子体内的物质能量平衡已经遭到破坏。因此，家长需要培养青少年对饱腹感和饥饿感的正确认知，并养成良好的就餐习惯，这样他们才能真正享受食物带来的愉悦与满足。同时，青少年要通过自我调节，加强对暴饮暴食的情绪认知。有时你想吃，不是因为你饿了，而是你感到焦虑。那么这时，集中精力去对付焦虑，从而将意识从进食冲动转移到别处。

要想养成好的饮食习惯，我们该怎么做

第一，心理学研究指出，婴儿开始尝试新食物，可能需要8~10 次的品尝才会接受。因此，在给婴儿提供新食物时，家长要有耐心，要允许婴儿在感到不适时将食物吐出来。对婴儿的支持，就是给他提供的安全感，在信任家长的前提下，他才敢尝试家长提供的新食物。

第二，婴儿总是对自己熟悉的食物有好感。因此，将新食物与婴儿已经熟悉的东西结合起来，会让婴儿更容易接受。如将鸡蛋饼做成婴儿喜欢的小鸭子形状，婴儿因为喜欢小鸭子，而不会从心理上排斥新食物鸡蛋饼。

第三，婴儿的饭量是逐渐增长的，但是会有一个比较稳定的量作为参考指标。照料者可以观察记录婴儿的喝奶量、辅食量，根据数据总结的经验来调整婴儿的饮食量。当家长规范了饮食的时间点与数量之后，也会促进婴儿对饮食的时间点与数量的认知。

第四，巧用行为的强化作用。有些家长为了哄孩子吃饭，主动打开动画片给孩子看，经过多次实践，孩子习得了这种不好的行为习惯。要纠正孩子的不良习惯，同样需要通过树立良好的榜样，来强化对孩子的教育。家长自己吃饭时，不能玩手机，要认真对待就餐时间，用心享受食物带来的满足。

第五，家长要克服溺爱、偏爱和护短的心理，正视孩子的问题，有针对性地纠正问题。不要在吃饭问题上妥协和退让。如果家长过度迁就孩子，只要能吃进去饭，孩子做什么都可以，那么孩子自主吃饭的好习惯就将难以养成。

第六，灌输规则意识。对孩子进行餐桌礼仪教育，培养他们良好的进餐习惯，吃饭时不可以离开座位，家庭成员共同遵守餐桌礼仪，交流感情。禁止在吃饭时把玩具给孩子，让孩子感受用餐时光的快乐。

第七，培养孩子的主动性。在孩子吃饱后，就不要再塞给他东西吃了，因为孩子的食欲和饭量也是有差别的。运动消耗少、开餐不固定、生长发育的需要等原因都可能会导致孩子有时看起来不太有胃口。家长要让孩子根据自己的感受去调节，不要纠结别人家孩子是不是胃口更好，要尊重差异性，帮助孩子建立适合自己的饮食习惯。好的饮食习惯，可以决定孩子一生的健康水平。

第三节　脏乱：会整理的孩子效率更高

美国发展心理学家理查德·瑞德曾说："今天的家长都想让孩子把时间花在能为他们带来成功的事情上，然而，具有讽刺意味的是，我们却正在抛弃一件已被证明能够预言人生成功的事——那就是让孩子从小开始做家务。"

整理房间是基本的家务，很多家长都在头疼，不知道该在孩子几岁时要求他们整理房间。有的家长则通过奖励的方式，鼓励孩子参与家务劳动，如叠一次被子给孩子 2 元钱，倒一次垃圾给孩子 5 元钱。但是又有专家提出，这种物质奖励会降低孩子的家庭责任感，哪天家长不给钱，孩子就不愿意劳动了。

那么，要想孩子的房间摆脱乱糟糟的状态，培养整理房间的好习惯，要从哪几个心理方面着手呢？其实，各个年龄阶段孩子的整理意识及习惯都有自己的心理特点。

婴儿期的整理习惯及心理分析

丹丹今年一岁半了，她的房间里摆满了小猪佩奇等各种毛绒玩具，还有积木玩具、汽车玩具也都堆在毛绒玩具下面。本来并不算小的卧室，看起来简直像垃圾堆一样。奶奶每次刚给她收拾好，将玩具分类放在收纳盒里，一转眼她又把盒子里的玩具翻出来了。不穿的衣服也扔得到处都是，从床上拖到地上。

婴儿期婴儿的动作发展水平还处在较低的阶段，因此还不具备自己整理房间的能力，但是他们具有非常强的模仿能力。家长可以制订一个清晰的整理方案，将房间的物品进行分类整理，并多次演示给婴儿看，鼓励婴儿参与其中的一小部分。通过模仿学习，一两岁的婴儿也能参与整理房间的家务，这有助于发展他们的大动作和精细动作，并逐渐形成整体的思维观。然而，因为婴儿的前额叶皮质尚未发展完全，这一区域负责管理所谓“执行功能”的指令，如注意力、决策能力和自我控制能力。这就需要家长逐渐鼓励婴儿参与合作。而当婴儿参与合作时，他们的大脑也因此得到激发。

幼儿期的整理习惯及心理分析

4 岁的小圆每天都喜欢把自己所有的玩具从卧室搬到客厅来玩，玩过之后，从来不会将玩具送回卧室，大量的玩具就堆在客厅的茶几上、沙发上和地板的各个角落里。妈妈去阳台晾衣服时，一不小心踩到一辆金属的小汽车，疼了很长时间，而小圆也曾因为沙发缝隙里卡着的积木而弄疼自己。

随着家庭经济水平的提高，玩具不再是重要日子的专利，爷爷奶奶、爸爸妈妈以及亲朋好友，都非常慷慨地给孩子买玩具、书籍。而孩子在玩耍时，注意力不集中，总是摸摸这个，又看看那个，不会真正享受和探索玩具的奥秘，也很少起到益智的作用。

尽管孩子自己不知道收拾玩具，但是当大人来帮忙收拾时，孩子还会哭闹，会说：“这是我的玩具，你不许碰，不许收！”似乎，让玩具布满家里的所有角落就是他们的梦想。3 ～ 6 岁是儿童自主意识发展的一个高峰期，他们以自我为中心，认为玩具就应该围绕他们旋转，如果不及时引导，他们的屋子只会越来越乱。

一项为期 25 年的研究发现，年轻人是否在三四岁时参与家务劳动是预测他们能否在 20 多岁成功的最佳方式之一。这种早期的责任分担逐渐发展成了他们对于生活其他方面的责任感。在家里帮忙越多的孩子会感受到对父母更大的责任感，这种责任感帮助他们挨过生活中“压力山大”的时刻。换句话说，当孩子发现他们能为家庭做出有意义的贡献时，他们会感受到一种发自内心的深层次的幸福快乐。即使孩子的帮忙微不足道，也能让父母感到开心。

青少年期的整理习惯及心理分析

“一屋不扫，何以扫天下”的口号，早已被“你好好学习就行，其他的事情我来做”所代替。繁忙的学习任务似乎给了青少年一个绝佳的借口，尽管这时，家长是很乐意帮助孩子整理房间的——只要他们一心一意学习就行了。但是，在学校里，班级内务水平、宿舍内务水平也是评价学生综合素质的一部分。因此，家中有保姆式服务的青少年，在面对需要自己独立整理的房间时，总是会一脸茫然，不知道该从何处下手，于是他们就开始各种塞和藏。

敏浩是一名高中生，他似乎对整洁的房间感到烦躁，他向往乱糟糟的房间，越乱越心安。所以，如果家长代劳，帮助他收拾好了房间，他一进门就会感到不舒适。为了缓解这种不舒适，他会把书架上的书随手抽出来，把书桌上的摆件弄歪一点儿，这样他才感觉到这是自己的屋子。因为他在潜意识里，希望能看到，即使自己搞得很乱，也有一个人能接纳自己。这种挑衅的想法与自己的矛盾心态、内心冲突的状态融为一体。

在学校里，老师来检查时，敏浩为了应付检查，只好把桌面上的脏衣服卷成一团，塞进储物柜里。将桌上的随身听、电池和卡片之类的东西也都一股脑儿地藏进被窝里，再将被子压平。有时，老师查房后，他也不记得将储物柜里的脏衣服拿出来，直到某天发现衣服早已发霉。

毫无疑问，养成良好的整理和收纳习惯，让自己生活在舒适的环境里，是提高生活品质的必要条件。

要想养成好的整理习惯，我们该怎么做

第一，巧用情景。将物品收纳盒贴上鲜明的标签，将物品与收纳盒之间建立联系，如小猪佩奇的家，玩过之后要送佩奇回家找妈妈。这种假装游戏符合幼儿的认知特点，会受到他们的欢迎，在游戏中养成好习惯。情景设计其实就是为了调动起幼儿的想象力和游戏的参与感，然后完成一些你想让他们完成的事情。

第二，早立规则。将物品整理规则清楚地写出来，贴在家里显眼的地方。幼儿的自律水平较低，需要使用他律来规范他们的习惯。

第三，循序渐进。要根据孩子动作发展水平的实际情况，给孩子布置清晰简单的任务，如用引导的语气说：“你能把这台小汽车开进车库吗？你会停车吧！”而不是笼统地要求：“你快把所有玩具汽车都收拾好！”不符合孩子能力水平的任务会挫伤孩子的积极性，让收拾房间变成一种不愉快的体验。适量的任务，有助于孩子乐观地接受，从而养成爱整理的好习惯。

第四，正面支持。不要在孩子收拾后，自己又重新收拾，这意味着对孩子整理能力的否定！在孩子整理房间之后，可以给孩子和整理后的房间拍个合影，以此肯定孩子正在培养的好习惯。

第五，改变思维方式是建立新习惯的开始。习惯成自然，敏浩在家里随手乱扔东西，也不具备整理房间的能力，因此，他在面对检查时只能消极应对，而不是主动解决问题。要将被动应付变成主动解决问题，则需要敏浩改变思维方式，将整理房间的任务当作自己的事情，而不是外在强加的任务。

第六，给孩子任务时，先说清楚原因。家长因为工作忙碌，家务繁忙，很容易随口对孩子吼出：“你必须马上给我收拾好！”却很少有耐心跟孩子解释原因。如果将“不许、不可以、不能做”改为“如果做了这件事，我们就能……”的积极句式，让孩子对美好的结果有所向往，便不会让孩子执拗于“你凭什么让我干这个”的叛逆心理中。

第七，适时地共情。孩子渴望得到父母的理解和肯定，他们对家务活动有新的认知和想法，我们首先应该要倾听和理解，并在此基础上尊重孩子的见解。善于表明对孩子的支持和欣赏的家长，往往会得到孩子积极的反馈。

第四节　龋齿：洗洗刷刷也有小智慧

随着社会的发展，我们越来越关注口腔健康与口腔美观。出生后 6 个月的婴儿，第一颗牙齿萌出之后就可能患龋齿。龋齿是由于口腔内滞留在牙齿表面的食物残渣特别是糖类物质会被乳酸杆菌、链球菌等发酵分解形成酸性物质，使牙釉质、牙本质等受到腐蚀破坏甚至缺损，逐渐发展成为龋洞。龋齿是常见的一种牙科疾病，哪些坏习惯容易导致龋齿呢?

简单来说，饮食习惯和口腔清洁习惯是影响口腔健康的两大重要因素。我们都知道吃多了甜食会导致“虫牙”，刷牙漱口的方法不正确，也会影响口腔的卫生。下面，我们从儿童青少年成长的各个年龄阶段来具体分析哪些习惯导致了龋齿的发生，以及怎么做才能拥有一口健康好牙。

婴儿期导致龋齿的习惯及心理分析

妞妞已经一岁了，从出生到现在，她每天晚上都是含着妈妈的乳头睡觉的。夜里饿了就吸几口，有时她可能仅仅是因为天气燥热，身体不舒服，就会突然咬上一口，原本睡着的妈妈也被疼得惊醒过来。其实，妈妈也想过不让她含着乳头睡，可是如果不给她含着乳头睡，她就会哭闹。为了哄她睡觉，一家人都会闹得筋疲力尽。“实在折腾不起啊，还不如牺牲我一个，给她含着乳头吧。”妞妞的妈妈无奈地说。可是妞妞前门牙明显已经变黑和钙化了，现在妈妈更头疼了，她没有想到这么小的孩子也会有龋齿。

其实，出生后6个月的孩子，第一颗牙齿萌出之后就可能患龋齿，临床上常见的是奶瓶龋齿。经常含着奶瓶就睡觉，或者把奶嘴当成睡觉安抚工具的孩子，前门牙部位就容易出现龋齿。看似家长的妥协养成了孩子夜里含乳头的坏习惯，其实，真正的根源在于孩子缺乏安全感，跟母亲身体的连接能让他们产生安全感。除了含乳头，还有很多其他方式也可以增强孩子的安全感，如适当地安抚、轻拍孩子的背部、亲吻额头等，与孩子的亲密接触都会缓解他们因缺乏安全感而引发的焦虑。

有些家长为了让孩子更容易进食，将水果榨果汁，以为这样孩子就喝得多、营养多。这种观念显然是错误的。其实，医生早已说过，果汁不能代替鲜果，反而会导致糖分摄入过高，从而引起龋齿。将果汁代替水果的坏习惯其实反映了家长想为孩子去繁就简的心理，也就是说，家长从内心是希望为孩子的饮食降低难度。把水果削皮、榨汁，孩子就不需要花力气去咀嚼了。这个心理趋势如果不及时调整，以后还会从方方面面进一步影响孩子的自然发展。

幼儿期导致龋齿的习惯及心理分析

奶奶每天都给小风刷牙，但是他的刷牙仅仅是种形式。有时候奶奶只是拿牙刷在小风的嘴里比画两下，漱口水就结束了。小风从两岁开始就有龋齿了。奶奶很无辜地说：“哎呀，我们每天都刷牙了呀，怎么还长虫牙了呢？”刷牙，其实也有很多讲究，从牙膏牙刷的挑选到刷牙的动作，都要认真对待，正确刷牙，才能有一口健康好牙。

很多家长不重视幼儿的口腔清洁，认为乳牙最终会脱落，以后还会长出新的牙齿来。于是，他们就在刷牙时走走形式，敷衍了事，等到幼儿龋齿出现，才悔之晚矣。其实，帮助幼儿养成正确的刷牙习惯，也有利于培养幼儿爱惜自己身体的意识。

大人第一次将陌生的牙刷放进幼儿口中时，幼儿的内心是害怕的。他们不知道这么一个奇怪的东西在嘴里要做什么。牙膏的味道也让他们很不适应，因此他们对刷牙产生了恐惧心理。这样的情况比较普遍，有些家长就此退缩了，用简单的清水漱口代替了使用牙膏牙刷刷牙。

其实，幼儿对一切新事物都会抱着既好奇又警惕的心理，总会本能地拒绝一切让自己不舒服的事物。家长只能循序渐进，从幼儿喜欢的元素着手，比如，选择幼儿喜欢的颜色和造型的牙刷、喜欢的水果味的牙膏等，让幼儿的恐惧心理逐渐得到缓解。

饭后不漱口也是一种常见的坏习惯，每餐饭后，口腔里都留下了食物残渣。尤其是幼儿期，幼儿的咀嚼能力尚不完善，有些食物没有完全嚼烂或是塞在牙缝里，都容易在口腔内滋生细菌。

示范与练习是养成新习惯的基础。要想保护幼儿的牙齿，就要有意识地将饭后漱口作为一种习惯来培养，这种习惯跟饭前洗手一样重要。家长只需坚持带幼儿去漱口一段时间，以后他会喜欢上口腔里清新的感觉，不需要家长提醒，他自己就会去漱口了。

青少年期导致龋齿的习惯及心理分析

有调查显示，青少年龋齿发病率在 50% ～ 60%，其中 12 岁左右的孩子龋齿发病率最高。其实，12 岁的青少年是龋病流行病学调查研究的一个重要群体，也是世界卫生组织衡量各国或各地区居民患龋状况的标准，因为 12 岁左右，孩子乳牙列全部替换完毕，第二恒磨牙刚刚萌出，容易受侵害，正是龋齿的高发期。家长要为孩子做好洁牙护齿的榜样，从为孩子挑选适合的牙膏和牙刷做起，帮助孩子养成保持口腔健康的好习惯。

青少年期学习任务较重，晚自习后很多学生会选择加餐，加餐之后，不太注意口腔卫生，这也是导致龋齿的主要原因之一。

自觉意识在洁牙护齿行动中起着重要的作用。只有当青少年真正意识到自己的不良习惯与口腔问题的关联，如饭后不漱口、晚自习后加餐、喜欢吃甜食等会导致龋齿，才会自觉意识到应该停止不良习惯，建立良好的习惯。

另外，青少年期本是对自身外表非常在意的年龄阶段，因此从美观的角度考虑，引导孩子注意口腔卫生，也会起到良好的效果。

要想养成好的口腔卫生习惯，我们该怎么做

第一，教会孩子正确的口腔清洁动作。父母将漱口、刷牙的

规范动作通过示范教给孩子，掌握正确的方法后，孩子会觉得这是一件自己能够胜任的事情，因此更乐意去做。示范的过程可能会很漫长，如果遇到孩子不规范的动作，不要急于批评，耐心地辅助孩子做出正确的姿势，帮助孩子建立信心。

第二，给孩子的口腔卫生建立评分系统。孩子的体检报告、看牙医的记录本等都可以为口腔卫生的评估提供资料。让孩子清楚，刷牙漱口直接关系到自己的身心健康，饭前饭后的几分钟决定了自己的健康水平。

第三，帮助孩子形成追求美的意识。一口健康美观的好牙能为个人的形象加分，每个孩子都有爱美的倾向，因此，我们可以将孩子露齿微笑的照片贴在家里，激励孩子追求健康牙齿带来的形象美。

第五节　懒惰：每一滴汗水都浇筑着健康的体魄

运动是儿童青少年成长过程中的重要活动。运动协调功能发展良好的儿童在入园后适应得更好，上课注意力更集中，心情更愉悦。而运动协调功能发展不好的儿童，则会在入园后表现出多动症，并延续到小学，甚至中学阶段。因此，加强运动，保持好身体、好心情是每个家长在育儿过程中必须重视的事情。

现实生活中，儿童青少年成长的各个年龄阶段都有很多“理由”导致孩子的运动时间不足。如婴儿期的孩子还站不稳，幼儿期的孩子乱跑不安全，青少年期的孩子又忙于学习，无暇顾及运动健身。还有些完全相反的情况，婴儿期的孩子过早地被训练走路，幼儿期的孩子爱上危险运动，青少年期的孩子将运动与学习的时间本末倒置。其实，运动给人最好的感觉是意犹未尽。下面，我们将从儿童青少年成长的各个年龄阶段来看如何帮助孩子养成恰如其分的运动习惯。

婴儿期的运动习惯及心理分析

老米自从当了爷爷，每天都以饱满的热情带着孙子小米在小区里活动。为了让孙子早点儿学会走路，老米先后给小米买了腰凳、学步车，想让孙子“锻炼腿部力量”，这样才能走得早、走得稳和走得快。身边一些年轻的爸爸妈妈则认为，过早地给孩子下地走路，可能会导致孩子形成O型腿、X型腿等，影响孩子身材。稍不小心，还会导致孩子骨折。可是，老米就纳闷了："儿子小时候不就这么带大的吗？咋到了孙子这里，就变成这么危险的事情了呢？"

运动分为大肢体运动和小肢体运动，大肢体运动主要以力量型的活动为主，对孩子来说就是坐、站、爬、走、跑、跳；小肢体运动以手和手指活动为主，主要以精细的控制活动为主，如抓、握、捏，由五指抓握分离为三指抓握。这些运动活动的发展，会给孩子带来很多经验。他们开始认识到危险和失控的度，而当他们学会一个新技能时，他们对于这个能力的危险性都需要重新认识一下。当孩子刚学会爬时，遇到视崖时，会毫不犹豫地爬过去，但是爬了一个月后，就会知道危险而止步不前了。这就是多次爬行之后，他们的经验增长了。选择与孩子运动发展水平相一致的活动，有助于孩子的身心发展，而超前运动，则会给孩子招致危险。

幼儿期的运动习惯及心理分析

莉娜是一位职场妈妈，她平时忙于工作，孩子都是由爷爷奶奶接送。今天是孩子的生日，她想给孩子一个惊喜，所以早早来到幼儿园排队。放学铃声刚响起，爷爷奶奶们都冲到了接孩子的队伍前，争着要第一个接孩子。莉娜的儿子小舒也早早地看到了妈妈。拥抱过后，小舒动作麻利地将书包从肩膀上卸下来，塞到了妈妈的手里，然后问："我的滑板车呢？"莉娜一下子懵圈了，她没带滑板车来，于是耐心地跟儿子解释说："你陪妈妈走走路好吗？只要十分钟就到家了。"小舒一下子就哇哇大哭了："可是我走不动啊，我一分钟也不想走了！"莉娜的心情一下子跌至谷底。

"隔代爱"在孩子的成长中起着重要的支持作用，在情感上是对亲子关系的重要补充。然而，"隔代爱"引起的问题也不容小觑。事事争第一的习惯容易让孩子养成"唯我独尊"的心理；事事代劳的习惯容易让孩子养成"甩手掌柜"的心理，认为总有人替他服务；事事迁就的习惯则容易让孩子养成"万事如意"的心理期待，一旦有一天遇到不如意，则不知道该如何面对和承受，心理韧性差，遇事容易走极端，缺少灵活性。

青少年期的运动习惯及心理分析

青少年总是"阳光"的代名词，他们追求光、追求变化、追求新鲜事物。在运动方面也同样如此，除了常规的运动，他们更希望去探索一些极限运动，如潜水、攀岩、蹦极、电子竞技等。他们的运动目标不再是单纯的强身健体，而是去探索世界和发现自身的极限。

小王中考后，就约了几个要好的同学一起来到城市景区的一个人工湖进行游泳比赛。这件事情，他们已经筹划了很久。他们曾经在这里看到很多成年人游泳，甚至有人在这里冬泳，他们认为在这个大湖里游泳是成熟的标志。然而，当他们从浅滩正逐步往湖中游的过程中，有一个同学突然腿抽筋，几个孩子立刻慌成一团。幸好当时景区巡逻的工作人员及时发现，救出了游泳的孩子们，并对他们做了安全教育。小王很懊悔，原来，即便他们下了水，也没有像大人那样成熟沉稳。

模仿心理在青少年群体中很常见，他们模仿的对象可能是自己喜欢的明星、学霸、家长或是社会某个群体。模仿大人的运动，选择大人的运动场地，这些习惯都是模仿心理使然。

高中生小严在网络上看到有些人徒步穿越大别山，在大别山上搭帐篷过夜，夜里还能听到野生动物经过帐篷附近的脚步声。她觉得这是一件特别刺激的事情。于是在暑假里，小严约了好友一起，跟家长谎称去参加学校的活动，实际上根据网上的路线图，走进了大别山。然而，崎岖的山路远比她想象的要难走得多，而从未负重行走的她带着帐篷和食物，还未到达目的地就已经寸步难行，天色渐黑，几个女孩毫无野外生存经验。刚开始还咬牙死撑的她们，最后只好打电话给家长，家长赶紧报了警，才避免了一次危机。

追求刺激的叛逆心理是青春期少男少女的普遍心理，看起来危险的事情对他们来说就是有趣的事情。家长说不能去做的事情，他们就会认为这是对他们的挑战，只要挑战成功了，就能向家长证明自己了不起。他们不会因为这一次失败而从此乖乖听家长的话，下一次，他们还会追求刺激的运动。

电子竞技是一种新型运动形式，如今很多家长还不能认可电子竞技也是一项运动。但是不管你是否承认，电子竞技在青少年的世界里已经受到欢迎甚至追捧。跟游泳、围棋等项目一样，电子竞技也需要脑力和体力的结合，并在一定的规则下运作。然而，电子竞技的场地和时间不像传统的运动那样有很大的限制，因此，青少年不会一整天游泳不知道上岸，但是却可能沉迷于电子竞技，废寝忘食。

很多人刚开始接触电子竞技是源于从众心理。身边的人在玩，自己不玩好像就落伍了。于是他们就抱着试试看的心态加入了这个行列。而在后续的参与中，越发觉得吸引人，不肯离去，甚至已经成瘾。为了玩电子竞技游戏，可以废寝忘食、荒废学业，则是猎奇心理在作祟。在失败时，去深究游戏规则，在遇到强大玩家时，去购买装备，好胜心已然被激起，就像赌博一样，他们已经无法收手。这时，家长如果采取一刀切的方式来阻止孩子玩电子竞技游戏，如没收电子设备、抨击电子竞技是不务正业等，往往收效甚微。

要想养成好的运动习惯，我们该怎么做

第一，给孩子自主选择权，培养孩子的责任意识。给孩子自由选择运动项目的机会，如幼儿可以选择是步行上学还是骑滑板车上学。青少年可以选择是学游泳，还是打篮球。家长要关注孩子的运动环境是否安全，运动强度是否合适，但是不要干涉孩子的运动项目。有的家长觉得打篮球能长个子，踢足球会长粗腿，强行要求孩子放弃足球、选篮球。这是不可取的。

第二，给孩子帮忙他人的机会。有时家长有不方便自己拿的东西，可以让孩子帮忙拿。一起出门取快递时，也可以将孩子拿

得动的包裹给他拿，培养孩子的利他精神。鼓励孩子在力所能及的范围内，给需要的人提供帮助。

第三，给孩子适当的挫折。在面对挫折时，孩子会发挥自身的调节功能，会变得更有弹性。运动有时会带来伤痛，孩子的内心也会受到挫折，如玩轮滑时把膝盖磕破皮了，家长要关心孩子的伤势，及时做好护理，但是不能因噎废食，停止本来热爱的运动。

第四，重视榜样的作用。青少年热衷于崇拜偶像，他们的偶像可能是影视明星、科学家，或是身边的学霸。向榜样学习运动精神，并打卡进步，是青少年习得新习惯的重要途径之一。

第五，防微杜渐，预防成瘾。电子竞技之类的运动，一旦成瘾，很难自拔，因此，在孩子表现出对电子竞技运动有好感时，要及时引导，做好心理防线的建设工作。

第六节　拖延症：我斗不过你，但是我可以拖垮你

从孩子独立活动开始，我们就会发现每个孩子做事的速度是不一样的。有的孩子会急于把一件事情完成，而有的孩子则东张西望，不肯乖乖就范，早早地暴露出了“拖延症”这个坏习惯。父母越努力地想尽各种办法严格要求孩子按时完成任务，孩子就偏偏表现得越来越没有时间观念，大有一副“我斗不过你，但是我可以拖垮你”的架势！

在学校里，老师则往往认为学生的拖延症是由于家长管教不严导致的。因为学校里往往有着明确的截止日期，老师也会给出科学的指导，那么问题一定是出在家庭里，是父母没有时间观念。事实恰恰相反，每一个拖延症儿童或青少年背后，或许都有着过于严厉的家庭教育。下面，我们通过具体事例来分析各年龄阶段的拖延症具有哪些特征，以及这些特征背后都有哪些心理原因。

婴儿期的拖延症习惯及心理分析

小迪做什么事情都很慢，总是不能按时完成妈妈为其设定的目标。为了给孩子最好的爱，小迪的妈妈辞职在家全身心地陪伴孩子，可是小迪做什么都比别人“慢半拍”。

婴儿期的拖延症，更可能是生理原因造成的。婴儿的大脑功

能还没有发育完全，尤其是与计划、执行、控制和注意力相关的功能区，也就是大脑前额叶皮层发育不良或是不活跃时，婴儿的注意力就会受到严重的影响，完成任务的准确率会下降。同时，婴儿的运动平衡能力、手眼协调能力会表现得比成年人稍差一些，在成年人看来就是凡事都比他人“慢半拍”。

像小迪这样的孩子，家长可以给他们更多的关注和接触，如带他们去感受自然，教他们说话、教他们点头摇头、教他们抛球和接球。在语言发展和动作发展的训练方面，要请教专业老师，要知道这种慢和拖延的习惯不能怪孩子，也不是家长不努力，而是生理原因。

阳阳在9个月时就会说一些简单的字词。阳阳的妈妈很高兴，为了进一步帮助孩子发展语言表达能力，她给阳阳报了3个早教班，分别是思维训练、英语和潜能开发班。可奇怪的是，自从报了班之后，阳阳的语言发展速度反而下降了，说话也开始变得吞吞吐吐，妈妈问他话，他也半天不肯回答。

除了拖延症，婴儿期的孩子更容易养成“操之过急”的习惯。初为人父母，总是会因为孩子表现出某种“天赋”而感到激动，为了不让这种“天赋”浪费，他们迫不及待地给孩子报班、训练，结果适得其反。尊重孩子发展的自然规律，做一个欣赏者，而不是推动者，才是父母的正确选择。

幼儿期的拖延症习惯及心理分析

一次偶然的机会，小晨在表姐家看到钢琴，他好奇地按了按黑白键，觉得声音很动听，就多摸了一会儿，妈妈立马觉得他是学琴的好苗子——手指纤长人又坐得住。再加上亲朋好友的一阵吹捧，妈妈一咬牙给他买了一架昂贵的钢琴，并请了一位老师一对一教学。小晨刚开始是高兴的，也按老师的要求练琴。可是没过几天，他又对积木感兴趣了，他想去搭积木，可是妈妈说要完成练琴时间才能去。小晨很生气，可是也没有办法。很快，小晨找到了应对的办法。在练琴之前，小晨将吃饭的时间尽可能地拖长，他故意慢慢吃，以此减少练琴时间。

原本是天真好奇的孩子，现在变成了任务缠身的“学生”。身份转变了，目的不同了，孩子也自然由“感到有趣”变成“感到愤怒”了。做事喜欢拖延的孩子，往往有一对控制欲强、对孩子期望值高的父母。他们经常在教育孩子时，急切地督促和推动孩子完成他们设定的目标，很少考虑孩子的感受。在面对强势又急躁的父母时，孩子内心很无助，拖延时间其实是他们对父母权威的无意识反抗。

琪琪读的私立幼儿园，经常会布置一些亲子共同完成的家庭作业，如由妈妈画一朵花，孩子来涂色，或是孩子来按句型造句，妈妈录制视频传至班级交流平台。这也不失为一种促进亲子感情升温的家庭活动，所以琪琪的妈妈很重视这项作业。可是琪琪每次都会拖延时间，总是想着先玩够了，再来完成作业。有时，玩着玩着，琪琪就困了、睡着了，作业还没来得及完成。

幼儿对时间还没有形成准确的认知，更没有掌握时间管理能力。他们一心只想着做游戏和玩耍，不知道作业为何物，更不理解提前完成作业与更轻松地玩耍之间的关联，所以他们总是将完成作业的时间往后推。另外，幼儿对作业这个新事物是充满焦虑的，他们担忧自己做得不好，不满足老师和父母的期待，给自己招致失败和批评。

青少年期的拖延症习惯及心理分析

每当考试季来临，小睿就觉得自己有完不成的任务。他才打开物理作业，就感觉背英语单词的时间又到了。他想早起背英语单词，还没怎么记忆，又想起数学还有几道题没解决，经他这么一折腾，原本起了一个大早的他，上学反而迟到了。挨了老师批评的他，一上午闷闷不乐，上课听课效果差，课间时间也没有利用上，中午干脆回宿舍蒙头大睡一觉，下午醒来头昏脑涨，也没法去思考数学难题。小睿晚上冷静下来，仔细一盘点，一天下来，啥也没干，真是越忙时自己反而越闲着了。

青少年在考试前，通常会产生很大的压力，面对巨大的压力，他们有时会无意识地拖延时间，因为拖延能给人一种逃离压力的错觉，让人获得片刻的安全感。

小睿很容易将完不成任务的责任归咎于老师布置的作业太多，将上学迟到的原因归结为家长没有开车送，反正他是极力想去完成的，只是很多现实因素导致他没有完成任务。

小睿最初是希望能将各门功课都系统地复习一下，查漏补缺，认真准备考试的。可是，正因为他对自己的要求太完美，导致出现了不可能完成的任务。而不可能完成的任务又直接导致了他对自我产生了怀疑。这种自我怀疑让他感到焦虑，而焦虑又引发了恐慌，人在恐慌时，首先想到的就是逃避。小睿冷静思考后，给自己重新设定了一个短期目标，并将短期目标分解为可完成的小任务，这样他很快就顺利完成了目标，并从中获得了自信和满足感。

自我评价对青少年的习惯养成有重要的影响，自我评价高的青少年往往更加自律，他们的时间管理也更高效。

要想养成不拖延的好习惯，我们该怎么做

第一，放下控制欲，把选择权交给孩子，适时引导。放低期望，顺其自然，尊重孩子的天性。不要给孩子过高的任务，对于那些根本完成不了的任务，孩子自然只能是一拖再拖。

第二，家长需要调整自己的心态，尤其不能将自己的意愿强加给孩子。不急不躁，用温和的鼓励代替严厉的批评。父母用温馨提示代替大吼大叫，孩子才不会对必须完成的任务产生反感。

第三，逐渐教会孩子识别时间。对婴幼儿来说，可以从基础的钟表知识开始，从一天、一周、一个月到一年，逐渐加深孩子对时间的认识。对青少年来说，要教会孩子做计划表，在日历上标注重要的截止日期，并用积极的符号提前几天就提醒自己。

第四，树立规则。进入幼儿园之后，孩子就有了作业任务。父母要执行严格的规则：先写作业，后玩耍。可以在写完作业后给予孩子鼓励，如击掌庆祝、增加游戏等环节。

第五，欣赏孩子的每一点进步。孩子完成作业后，家长要细

心观察孩子的作品，找出孩子进步的地方，给予表扬和肯定。父母可以将孩子的作业在家里展示出来，这既能给孩子成就感，又有利于孩子发现自己的不足。

第七节　急躁：着急的孩子只能得到一块棉花糖

小菲在家里养尊处优，好脾气的外公更是将她宠上了天。只要小菲想吃的，外公立马就出去买，哪怕是半夜想吃根热狗，外公也会骑着电动车，满大街去找。小菲要吃的东西是一定要马上吃到嘴的，否则就会大闹不止。如果在商店看到她喜欢的玩具，也一定要立马买回家，否则她就会蹲在地上哭闹不止。而买回家之后，小菲很快又对那个玩具失去了兴趣。于是，爸爸妈妈带她外出时，只好刻意避开玩具店。小菲的爸爸妈妈常常感慨，为什么孩子就不能做个橱窗顾客呢？多看看、多欣赏不好吗？只有多欣赏、多比较，才能找到自己真正喜欢的东西呀！可是回顾小菲的成长历程，他们似乎也找到了原因。

父母执行的奖惩方式、家庭沟通的环境都会影响孩子的性格。下面，我们将具体分析在儿童青少年成长的各个年龄阶段中，急躁的习惯是如何养成的，以及如何养成做事有条不紊的好习惯。

婴儿期的急躁习惯及心理分析

小菲还是个婴儿时，外公外婆来帮忙带孩子，看到软糯糯的小宝贝，两位老人恨不得将天上的星星摘下来送给她。只要小菲哭两声，立马抱起来摇着哄。如果哭声没有停止，那就是饿了，赶紧用恒温水壶的水来冲奶粉给她喝，家里的设施都做了调整，调整的原则就是一切都是为了最快满足孩子的需求。好像让孩子多等待一分钟，就是照料者的失职。

第一时间满足新生儿的需求可能是很多爸爸妈妈或其他直接照料者的追求。然而，过分追求一分钟也不能等的速度，其实会让孩子失去了自我调节的时间。正是通过自我调节，孩子才逐渐学会了应对挫折、适应环境，并学会了等待。孩子如果觉得饿了，可是家长不知道，她会大声哭喊，直到有人来喂她。而她看到有人在开始冲奶粉时，会很快意识到有吃的，于是她会放慢哭声，等待喝奶。这就是一个简单的应对挫折与自我调节的过程。

幼儿期的急躁习惯及心理分析

20 世纪 60 年代，美国著名的心理学教授沃尔特·米歇尔设计了一个关于“延迟满足”的实验，这个著名的实验是在斯坦福大学校园里的一个幼儿园进行的。研究人员找来几十名儿童，让他们每个人单独待在一个小房间里，这个房间里只有一张桌子和一把椅子，桌子上的盘子里放着这些儿童爱吃的零食——棉花糖（也可以是曲奇、饼干等）。研究人员告诉他们：“你可以随时吃掉棉花糖，也可以等我回来时再吃，那时你会再得到一块棉花糖作为奖励。”同时告诉他们还可以按响桌子上的铃，研究人员听到铃声会马上返回。 对这些孩子来说，实验的过程非常煎熬。有的孩子为了不去看那诱惑人的棉花糖而捂住眼睛，或是转过身背对着棉花糖，还有一些孩子开始做一些小动作——踢桌子，拉自己的辫子，有的甚至用手去打棉花糖。结果，大多数的孩子坚持不到 3 分钟就放弃了。一些孩子甚至没有按铃就直接把糖吃掉了，另一些则盯着桌子上的棉花糖，半分钟后按响了铃。大约 1/3 的孩子成功延迟了自己对棉花糖的欲望，他们等到研究人员回来兑现了奖励，坚持了差不多有 15 分钟的时间。

幼儿期的延迟满足能力是可以培养的，实验中有的孩子坚持不到 3 分钟，而大约 1/3 的孩子成功坚持了 15 分钟。如果家长对幼儿进行适当的教育，让孩子理解等待与更大的收获之间的联系，并训练孩子如何度过难熬的等待时间，则能够帮助孩子增强“延迟满足”的能力。相反，如果家长对孩子有求必应，孩子在日常生活中不需要等待就能获得自己想要的东西，那么当他遇到不能立即满足需要的情景时，就会感到崩溃。正如前面提到的小菲，她想要的东西必须立刻到手，即便到手后发现也不是真的想要。如果不能立即得到自己想要的东西，小菲会感到崩溃绝望，并通过哭闹不止来达到自己的目的。

前文中提到的关于延迟满足能力的实验中，研究人员发现能为第二块棉花糖坚持等待的孩子通常在人生中表现得更出色，如获得更好的考试成绩、教育成就或身体素质，以及更好的人际关系等。因此，幼儿期的延迟满足能力具有一定的预测性，家长应该抓住这个黄金期，科学培养孩子的延迟满足能力。

青少年期的急躁习惯及心理分析

小清的家庭条件不是很好，但是小清又喜欢购买名牌球鞋。

眼看着某品牌的球鞋又出新款了，小清很想要一双新款球鞋。爸爸跟他说，再等一阵子，遇到节日会打折的，等打了折就去买。可是小清等不了，趁着家长不注意，他自己拿着本该交给辅导班的报名费去买了这双新款球鞋。

小清的购买欲望无法通过自我调节来稍加控制，一方面是因为从小养成的自我延迟满足能力低下；另一方面是因为家长在日常生活中习惯性地催促。那么，在现阶段，是否还有办法改变这一现状呢？我们先思考一下，在这个年龄阶段，谁最有可能帮助小清提高延迟满足能力？

除了在购物方面没耐心，小清在学习方面同样比较“急于求成”。数学课刚结束，小清对数学老师讲的知识点还没有吃透，于是他一直在草稿纸上演算公式的推导过程。下一节课是语文课，而小清的意识完全还沉浸在数学题里，他认为必须立刻弄明白这道题，否则就会留下后遗症。显而易见，小清最后可能弄懂了一道数学题，却丢了一整节语文课的知识点。真的是捡了芝麻、丢了西瓜。

尽管很多人在鼓吹“迎难而上”的精神，然而这种精神不应以牺牲更大的成本为代价。在问题解决的过程中，暂时的停顿，往往有时更有利于缓解大脑的压力。停下来后，换个角度再来看这个问题，也许就会有不同的思路了。

要想养成耐心的好习惯，我们该怎么做

第一，专业的指导。家长应寻求专业的帮助，为孩子指定行

为习惯矫正的心理咨询师或有经验的老师。行为习惯是在家庭环境中长期形成的，家长往往很难意识到自己的哪些做法助长了孩子的不良习惯，专业人员则可以区别造成孩子不良习惯的个人因素和家庭因素，并在此基础上，为孩子制定新习惯养成的目标和方法。

第二，家长和孩子都应加强学习，提高对急躁心理的正确认知，学会分析孩子所处情景的利弊，将解决问题的过程分解开来，同时也将现在必须做的和可以等待的事情划分开来。将紧急的事情放在优先位置，长期的对轻重缓急的判断训练，有利于孩子提高延迟满足的能力。

第三，延迟满足能力后的奖励。通过延迟奖励，强化延迟满足的倾向。因为延迟满足而得到两块棉花糖的孩子，在下一次实验中，可能会有能力得到第三块棉花糖。

第二章

思维习惯篇：成长型思维让孩子活得更轻松

第一节　忽视：每一朵小花都有独一无二的花瓣

很多时候，虽然父母是爱孩子的，但无意中忽视了孩子的情感需要，严重影响他们的思维习惯。他们可能会有空虚感，出现自我责备、不愿沟通和不愿求助等问题，父母如果稍微回顾一下孩子成长的环境，就会发现这些问题是由情感的忽视造成的。

情感的忽视从婴儿期开始就在孩子的思维中留下烙印。他们一方面无法放下过去的忽视带给自己的愤恨与不满；另一方面又拒绝在自己已经有选择时往前一步，为自己争取关注。于是，他们活在过去的心理阴影中不能自拔，反而将问题的原因归结为是现在的环境令人不满。下面，我们来具体分析在儿童青少年各个年龄阶段中，情感的忽视是如何发生的，又该如何改变。

婴儿期的情感忽视习惯及心理分析

表面看起来，家长对孩子都是众星捧月式的抚养，倾尽所有满足孩子的愿望，并主动提供很多孩子没有索要的礼物给孩子。为什么说这个阶段也会有情感忽视的现象呢？这个阶段的情感忽视，一般是因为父母的“为你好”思想。为了孩子好，他们会努力纠正孩子的左右手习惯；为了孩子好，他们会使劲喂辅食；为了孩子好，一年好几万元的早教班，他们也舍得花钱报名。然而，他们有没有观察到孩子是否愿意呢？

然而情感总是双向的。家长的“为你好”思想导致孩子的意见无从表达，孩子的情感得不到回应，会感到委屈和不满，于是直接表现出来的就是家长觉得这个孩子难带、脾气大，搞不清孩子在想什么。

幼儿期的情感忽视习惯及心理分析

幼儿开始有自己的思想，他们会辨识自己和他人的情绪。刚开始，他们会努力表达自己的意见，有的幼儿会说：“我不想学画画，我想学打球。”可是家长认为画画更需要专业的指导，至于打球，等上学了，跟小伙伴们一起玩玩也就可以了。于是给孩子报了美术班，忽视孩子对打球的渴望。还有一类家长，满足了孩子的所有需求，孩子要什么给什么。不仅如此，在孩子放弃时，也毫不犹豫地支持，如孩子自己吵着要报英语兴趣班，可是没上两天不愿意去了，家长就顺从孩子的意思，不去就不去了。下一次，孩子又中途退出一个活动，家长都无条件支持。尽管如此，孩子并不感到快乐和满足。相反，他们总是感觉很无聊，没有什么好玩的事情，总想找点儿新鲜的事情玩一玩，等到他们找到新鲜的事情，又很快觉得不好玩了。他们不能持续一个爱好，做什么事情都缺少韧性和坚持。

青少年期的情感忽视习惯及心理分析

青少年期处在身心发展不平衡的阶段，他们的同理心获得了良好的发展。这时，即便面对父母的忽视，有些青少年也会试图去替父母解释，认为他们的出发点是好的，是自己不够优秀，不能达到父母的期待。他们在生活中往往不敢表达自己的意见，不敢深入思考自己的认知。也有一些青少年则会继续我行我素，任由父母的溺爱将自己宠上天。但是他们会隐隐约约觉得难受，因为他们的上一个愿望很快被满足了，毫无成就感，他们要去找寻一个更难被实现的愿望，然而他们心里很清楚，父母还是会毫不犹豫地满足他们。他们觉得做什么都没劲，对未来充满迷茫。而父母在此刻同样觉得自己很累，倾其所有却不能把孩子培养成自己想要的模样。这两种怨气一相遇，则会容易爆发出惊天动地的战争。

每一朵小花都有独一无二的花瓣，只有做到尊重孩子的与众不同，倾听孩子的声音，孩子才能在健康的家庭环境下长大，才会养成自信的心态，对未来充满希望。我们应该以此为目标，不让孩子的情感被忽视。只有这样，孩子才不会忽视自己的感受，敢于表达自己的意见。

要想养成专注的好习惯，我们该怎么做

第一，正确认知家庭教养模式。

追求完美型父母：把孩子当成自己的脸面，希望孩子拿第一，做不到就会指责孩子，忽视了孩子需要鼓励、需要被肯定的心理，导致孩子看不到自己的优点，总担心自己犯错，渴望得到家长肯定的需要得不到满足。孩子在思维上表现出来的习惯就是对待任

何事情都是敷衍和无所谓的态度。

溺爱型父母：毫无原则地答应孩子的要求，不给孩子施加任何压力。这同样也是一种忽视，因为这类父母没有在孩子成长时给予必要的指导和约束，没有承担应有的教育责任，导致孩子陷入迷茫。孩子在学业、人际交往和情商上都会出现这样或那样的问题，表现在思维上的习惯就是天马行空、任意妄为，但是又心有不甘、不知所措。

专制型父母：自己说的才是真理，孩子应该无条件地服从。一旦这类父母认定了自己的看法，就容不得孩子解释反驳。用时下流行的话说，就是“我不要你觉得，我要我觉得”。孩子逐渐放弃表达自己的观点，因为他们认为沟通是无效的，宁愿做一个没有主见的人。“不在沉默中灭亡，就在沉默中爆发”，正是这类孩子思维的危险状态。

第二，直面孩子的情绪。

婴儿阶段的表达方式会很模糊，家长需要认真辨别，并耐心地引导孩子“说”出自己的需求，正确对待孩子的需求。不能一味地按照家长的喜好去决定孩子的习惯，也不能把决定权交给毫无经验的孩子，正确的做法是通过逐步的观察试探，与孩子达成共识和默契，并保持灵活的态度，随时可以做出调整。允许孩子哭闹，在哭闹过后，孩子会对自己的情绪有更清晰的认知。

幼儿阶段的孩子脑海里有“十万个为什么”，也就有十万个需要被回应的期待。家长要及时回应孩子的提问，满足孩子的好奇心。在向孩子提问时，要尊重孩子的答案，欣赏孩子的思路。不要一味地去纠正孩子的看法，给出所谓的标准答案。允许孩子打破砂锅问到底，但也可以在必要时让孩子保持安静。允许孩子大叫宣泄，允许孩子释放消极情绪，并及时引导孩子正确处理消极情绪，让孩子认识到消极情绪也是有利的。

青少年阶段的孩子心里本身就充满矛盾和不平衡，他们的情绪隐藏得更深。因此，家长需要耐心沟通，探寻孩子的内心，尊重孩子的思想，鼓励他们表达自己的观点。青少年的观点往往是有些偏激的，家长首先要肯定这个观点中可取的一面，然后才去探讨有失偏颇的部分。对孩子的观点持开放的态度，切忌一棍子打死的做法。与孩子保持一定的界限，给予孩子思想的自由。

第三，关怀的练习与思维的呵护。

如果前期的情感忽视已经造成孩子思维消极、不愿意表达意见或不信任别人，现在要及时改变家庭环境，帮助孩子改变思维习惯。首先，要帮助孩子管理情绪，让孩子敢于承认现在的问题是由于自己的情感被忽视所造成的。其次，回顾过去情感被忽视的事件，重新认识这些事件对自己的影响，并接纳现在的自己。鼓励孩子通过自我关怀、家庭互助和社会支持等多种渠道，来调整自己的心态，呵护自己的思维，发出自己的声音。

第二节　模仿：孩子是家长的一面镜子

孩子的身心发展离不开模仿，除了模仿家人，他们还会模仿一些公众人物，如娱乐明星、时代偶像、特定职业的人员等。他们模仿别人为人处世的方式方法，也模仿别人解决问题的思路。因此，模仿在思维习惯养成的过程中，起着重要的作用。我们常说，父母是孩子的第一任老师，这也正是因为孩子通过模仿父母，学会了如何思考问题、如何解决问题。下面，我们来具体分析儿童青少年在各个年龄阶段，如何通过模仿来发展认知水平和提高思维能力，以及模仿如何影响他们的思维习惯。

婴儿期的模仿习惯及心理分析

很多家长认为婴儿什么事情都不懂，没有思考能力，因此不需要跟他们说什么，只要管好他们的吃、喝、拉、撒、睡就可以了。可是无形之中，父母的言行还是会在婴儿的脑海里留下深深的印记。他们会不自觉地模仿父母说话的方式、解决问题的态度、对待难题的思路等。

8 个月大的诚诚正在牙牙学语。诚诚的父母经常在陪孩子时打电话，还经常在电话里大发雷霆。电话打完后，他们一转眼就换了一副面孔来逗诚诚。天真无邪的诚诚每天看着父母阴晴不定的脸庞，心里充满了困惑与恐惧。有时诚诚会忽然大哭，或是大发脾气，父母怎么哄怎么逗都不起作用。他们急得发脾气，想装出凶狠的样子来恐吓诚诚停止哭泣，可是诚诚却哭得更凶了。诚诚的父母觉得诚诚的性格变得阴晴不定，却想不明白原因。

欣欣的父母在和欣欣相处时，时刻堆满笑容，他们希望给欣欣阳光的心态。因此，在欣欣遇到问题时，他们总是急着帮欣欣解决。比如，欣欣拿到一个新玩具，不知道怎么操作，这时，欣欣的父母总是先亲自操作，反复演示，然后再手把手教欣欣怎么玩。看起来，这是多么有爱心又有耐心的父母啊！可是，欣欣却越来越懒了，对展示的环节也越来越不感兴趣了，她不想知道“为什么”，她要的就是一个现成的结果。

幼儿期的模仿习惯及心理分析

幼儿期的儿童如果有不顺心的事情，可能会想打人、想大声尖叫；如果有人批评他们，不论自己是否有错，他们都会很生气；他们的情绪总是容易失控，纵情哭喊之后，眼泪一抹，又轻松地说“我哭好了”。这个阶段的儿童，思维正处于高速发展，他们的认知水平也在快速提高。因此，父母、老师、同学以及他们认识的其他人，都会在一定程度上影响他们的思维习惯。

小伍和小圆约定晚饭后，一起去小区的游乐场玩。晚饭后，小伍兴奋地来到游乐场，可是左等右等，也不见小圆。小伍很生气，陪小伍来的奶奶也很生气，她不停地责怪小圆：“怎么还没来，怎么说话不算数呢？”听奶奶这么一说，小伍更加沮丧了。

奶奶继续唠叨：“这么不诚信的小孩，以后不跟他玩了。”小伍气呼呼地准备回家了，迎面却看到了拿着两个荧光竹蜻蜓的小圆，小圆高兴地把竹蜻蜓塞到了小伍的手里，并抱歉地说：“对不起！我迟到了！我看见竹蜻蜓，就求妈妈买了两个，我们一人一个。”原来，小圆并不是不守信用。

峰峰的外婆是退休老师，她深知鼓励对于孩子建立自信心大有益处。于是，她总是习惯性地跟峰峰说：“你是最好的！”“你是第一名！”久而久之，峰峰对于夸奖的言辞有了很高的辨识度，如果别人说“你表现不错”“相当可以”，他会很沮丧，他要强调一句“我是第一名！”尽管4岁的他，还不清楚“第一名”意味着什么，但是他已经习惯了这个标签。不论他的表现到底如何，他都期望别人称他为“第一名”。得不到“第一名”，他就会难过失望，甚至痛哭。同时，他会主动避开得不到第一名的活动或竞争。

青少年期的模仿习惯及心理分析

青少年的思维发展正在逐渐向成年人的水平靠齐。很多家长为了帮助孩子提高思维能力，都在想方设法地给孩子做思维训练。网络上，关于思维训练、思维导图、思维模型等的概念宣传也是铺天盖地。然而，就学校和家庭而言，青少年的思维习惯更多的还是来自模仿现实生活中的思维模式。

“3岁看小，7岁看老”是民间流传的一句古老的谚语。有心理学家认为，人的个性特征的初步形成是在学龄前期，而个性的发展和定型是在青少年时期。学龄前期所形成的总的心理特征是人最初的比较鲜明的心理倾向，这些特征在儿童的心理上出现了最初的模样，所以，一个人在一生中所表现的个性特点和心理活动的总特征的雏形，一般在 7 周岁已经表现出来。那么，思维模式是不是也是如此，在学龄前期就已经形成了，青少年时期就一直保持稳定不变呢？

正在读高中的李悦，成绩不太理想。李悦的妈妈从家长会回来后，经过多方咨询，给她报了一个思维导图的网课。网课老师介绍了思维导图的概念，以及具体如何通过思维导图理解课本上的知识点。妈妈期待上完课后，李悦能够改变思维习惯，调整学习方法，提高学习成绩。可是，课程结束后，一切都没有改变，包括李悦的妈妈焦虑不安，四处打听学习方法的状态。事实上，李悦的妈妈自身的思维习惯已经深深地影响了孩子：不具体分析自己家孩子学习中存在的问题，发现问题的本质，而是四处打听别人的成功之道。

要想养成好的模仿习惯，我们该怎么做

第一，家长在孩子面前要做到言行一致。如果家长想让孩子的情绪平和，自己就要注意调整好情绪。遇到必须发火的情景，也要努力避开孩子。如果家长鼓励孩子尝试新事物，就要做到在孩子失败时，表示出理解与支持，而不是批评与纠正。简单来说，家长要做一个好榜样，成为孩子可以放心模仿的对象。

第二，养成评论过程，而不是评论结果的成长型思维习惯。

斯坦福大学的心理学教授卡罗尔·德威克在《看见成长的自己》一书中提出，人的思维模式分为两种，一种是“成长型思维”；另一种是“固定型思维”。成长型思维的人，不惧怕改变、不惧怕失败，他们坚信挑战能够促进成长，失败能够积累经验，带来成功。而固定型思维的人则惧怕改变、惧怕失败，他们认为改变会带来不安，失败会引发不能承受的后果。要从固定型思维中走出来，把焦点放在过程中，看到过程中的改变与收获。鼓励孩子跳出舒适区，迎接挑战，在过程中不断完善思维。家长在评价孩子的活动时，要看到孩子的具体表现，不是笼统地说：“你真棒，你最好！”而是要具体分析细节，比如，“你的起跳做得很好，用时短，速度快！”“你对这个故事的复述很完整，每个人物的特征都刻画出来了。”

第三，塑造“最强大脑”。大脑中的神经元之间，有很多负责传递信号的神经突触。这些突触会根据环境刺激和学习经验不断进化，因此新的知识和经验会刺激大脑形成新的神经元。很多“最强大脑”都是通过后天的训练养成的。儿童模仿积极的思维方法，并通过刻意的练习，会改变大脑结构，形成新的思维习惯。

第三节　瞎想：纸飞机怎么能去太空

孩子的想象力很丰富。在他们的脑海里，可以凭借一阵风送他们的纸飞机去太空。很多父母认为这不过是瞎想。没错，孩童时期的瞎想正是属于低层次的想象力。他们爱做梦、爱幻想，他们的思维天马行空。这些天马行空的想象正是高层次的想象力的基础。我们看到很多媒体报道说，如今的孩子缺乏想象力。这其实是个伪命题。想象力是孩子与生俱来的天赋，哪个孩子都不缺。然而，如何保护和发展孩子的想象力，则是本节要探讨的话题。

婴儿期的想象力习惯及心理分析

婴儿的涂鸦能为想象力插上翅膀。苗苗和很多婴儿一样，从学会抓握开始，就在家里寻找能够戳戳画画的东西了。妈妈的口红、姐姐的彩笔都是他的“作案工具”，他在沙发上、墙上、地板上画，也在茶几上、玩具上画。如果你问他在画什么，他也说不清楚，毕竟他连话还说不清楚呢！可是如果你把他的画笔抢走，他势必要大闹一场的。

婴儿的“指指点点”都是求知欲。苗苗出门时，会好奇地对着小区景观指指点点，咿咿呀呀地叫着。有时会对着一朵花看得入神，开心地笑。如果这时妈妈向他介绍这朵花的名字，他会笑得更开心。妈妈问他："这小花像什么呀？像蘑菇吗？像花伞吗？"他兴奋地指着小花，似乎陷入了思考。

幼儿期的想象力习惯及心理分析

孩子说纸飞机也能飞上太空时，不要急于纠正他们。苗苗到了三四岁时，涂鸦艺术一发不可收拾。没有上过任何绘画班的他，随处作画。他随意地涂鸦，然后告诉妈妈，这是纸飞机的飞行员，那是火箭的发射台。他非常自信地告诉妈妈，只要他在纸飞机下面画一道发射器，纸飞机马上就能飞到太空去。

过早地要求一笔一画守规矩不见得是好事。感受到苗苗对绘画的浓厚兴趣，妈妈决定给苗苗报一个绘画班，系统地学习绘画技巧。到了绘画班里，老师首先教小朋友们画直线。苗苗怎么也画不好，老师把苗苗单独留下来练习。练着练着，苗苗的直线像是长了一双不听指挥的脚，到处乱扭。用他自己的话说："这条直线走累了，想在路边休息一会儿。"老师很生气，认为苗苗是故意捣乱，让妈妈接回家严厉教育。

青少年期的想象力习惯及心理分析

经过大量的阅读，青少年的想象力渐渐地具有可实现性。然而，要将想象变成现实，青少年要有一定的知识储备和实践经验。光是空想、瞎想，是不能够创造出新事物的。下面，我通过一正一反两个案例来说明高层次的想象力和低层次的想象力在青少年期的不同表现。

很多小学和中学里都开设了以项目为导向的学习班，由学生提出设想，即项目主题，然后通过自己收集资料，完成设计、实验，最后将研究成果展示出来。比方说，一个机器人班里的青少年，因为对篮球充满兴趣，于是想设计一个会投篮的机器人。首先，他要弄清楚会投篮的机器人需要什么样的程序指令；其次，在完成编程之后，他要考虑如何设计机器人的外观使之更有个性和辨识度；最后，他要总结在这个过程中自己遇到的问题，并阐明自己是如何解决这些问题的。将想象中的机器人变成现实，这就是高层次的想象力带来的成果。

有些女生小时候幻想以后成为大明星，拥有万千粉丝。可是从幼儿园到高中，每次班级文艺汇演，却总是躲在角落里，连上台给同学献花的胆量都没有。到了高中，在职业愿望一栏仍然填写要成为举世瞩目的大明星。这种低层次的想象力从婴幼儿阶段延续到了青少年阶段，就变成了毫无实际意义的空想。

要想养成敢于想象的好习惯，我们该怎么做

婴幼儿阶段的瞎想，通过知识和阅历的武装，能够变成具有可实现性的高层次的想象力。这种高层次的想象力是科技创新的推动力。它的基础是好奇心，而它又通过创造力表现出来。因此，呵护孩子的好奇心，就是发展创造力的第一步。保护孩子的想象力，发展孩子的创造力，需要从以下几个方面着手。

第一，支持婴幼儿的涂鸦行为。这是婴幼儿进行想象的手段，

也是发展想象力的途径。家长要鼓励孩子想象，赞扬孩子天马行空的涂鸦，不要过早地给孩子灌输画画的技巧和规则，不要给孩子的思维套上桎梏。通过涂鸦，孩子会将生活中见到的东西和自己脑海里的形象结合起来，描绘他眼中的故事，这就有利于孩子通过想象力，将相关故事联系起来，并创造出新形象、新情景、新故事。

第二，巧用兴趣。让孩子用兴趣丰富人生，快乐身心，而不是用兴趣去考证、考级和加分。如陪孩子玩“过家家”游戏。在“过家家”游戏里，我们看到孩子变成医生，假装给大人听心肺声。这也需要孩子的眼、手、大脑相互配合，通过形象思维，来演绎医生的职业特征。在形象思维的基础上，逐渐发展出抽象思维。

第三，通过大量的阅读来丰富孩子的知识。阅读能保留孩子的想象力，扩大阅读面。阅读时，文字会为想象插上翅膀，不着边际。影像资料是作者的理解和思想的投射，会在一定程度上限制读者和观众的想象力。想象力就建立在好奇心的基础上，而丰富的知识能让好奇心在这时运转起来，把问题抽丝剥茧般地往下推理。有了知识，才能通过想象力去分析问题、解决问题。因此，广博的知识会为想象插上翅膀，才可能实现梦想。

第四，边玩边学，培养思维好习惯。死记硬背的书本知识只会成为思想的桎梏。边玩边学才能让知识有趣起来，让孩子在玩时打下坚固的知识基础，扩大知识面。孩子是通过玩，才学会探究。因为探究，才引发了求知欲，而求知欲才是最佳的学习推动器。

第五，要容忍失败。面对失败，家长要以更开放的心态鼓励孩子，一次实验没成功，但是我们有了经验，会为下一次实验做好准备。我们应该容忍失败，给人试错的机会，只有敢于犯错，思维才能创新。

第四节　啰唆：孩子的好奇心绝不局限于十万个为什么

啰唆通常是指将同一件事情反复强调，或是针对不需要提醒的事情做多次的提醒。这种习惯会引人反感，甚至恼怒。

一个大家庭里，有 3 种人往往是最啰唆的。一是老人；二是妈妈；三是孩子。老人的啰唆来自健忘，妈妈的啰唆来自焦虑，而孩子的啰唆则来自好奇。这 3 种人的啰唆虽然原因不同，却相互作用，互为因果。下面，我们来看看在儿童青少年成长的各个年龄阶段中，啰唆扮演着什么样的角色。

婴儿期的啰唆习惯及心理分析

对着新生儿最啰唆的人通常是妈妈。妈妈会担心婴儿喝得是否及时，奶量够不够，又紧张尿布够不够柔软，婴儿车有没有静音，这时的妈妈精神高度紧张和焦虑，因此她会反复问身边的人同样的问题，也会将自己的焦虑和诉求反复表达出来，变成了一个啰里啰唆的人。然而，将焦虑的问题反复说出来后，只会加剧焦虑，把焦虑的心态泛化。于是又形成了一个焦虑和啰唆的恶性循环。

婴儿开始牙牙学语时，就开始“啰唆”了。他会对着熟悉的人“哎哎哎”地说个不停，如果有人回应他，他会“变本加厉”，继续“哎哎哎”地跟对方互动。没人搭理时，他也会一个人“叽里呱啦”地说个不停，似乎在进行一场颇有趣的自我对话。婴儿的“啰唆”正是他对世界的好奇与探索，他通过模仿发出各种声音，并期待这些声音带来的反馈。

如果家里是由老人带孩子的，老人的“啰唆”可能会在这个阶段发挥令人想象不到的积极作用，因为他们提供了丰富的语言和表情，给孩子的语言发展提供了非常好的练习对象。一个沉默寡言的老人带出来的孩子，与一个爱“唠叨”“啰里啰唆”的老人带出来的孩子在语言发展速度方面是存在着显著差异的，后者的语言水平发展得更快。他们说话早、用词丰富。然而，这些差异仅仅体现在婴儿阶段。等到孩子上了幼儿园，情况又会发生变化。

幼儿期的啰唆习惯及心理分析

“小心点儿！”

“别摸！”

“烫不烫？”

……

孩子的身边，各种紧张的提醒声不绝于耳，不论是妈妈、带孩子的祖辈，还是学校里的老师，都生怕孩子遭遇危险。的确，各种安全隐患的确存在，但事实上，更多时候是我们不知道自己该怎么做，才会下意识地反复唠叨、啰唆。

于是，有耐心的孩子会给家长送上“唠叨大王”“啰唆第一名”这样的“美称”，急躁的孩子可能分分钟通过尖叫、呐喊来表达自己的抗议。很多时候，我们都在无意识地与孩子交流，唠叨和说教成了家长自我减压的工具，似乎说出来了，我们就对孩子负责了。其实恰恰相反，没有经过思考的下意识行为，让孩子感受到的是“不信任”“指责”和“批评”。因此，家长的啰唆贬低了对孩子的评价，打击了孩子的自信。啰唆的家长养育出来的孩子通常会很安静，而安静的家长养育出来的孩子则会“啰唆”。

跟婴儿阶段不同的是，在幼儿阶段，只有当大人安静下来，愿意倾听时，孩子才会爱说。我们可以想象得到，如果孩子刚开口讲述自己在幼儿园里和小朋友发生纠纷的故事，大人就一个劲儿地追问细节，然后点评他的行为和表现，并告诫他下一次要怎么做才是正确的，这该是一件多么扫兴的事情啊！会倾听的家长这时会对孩子说：“你在幼儿园发生的故事真有趣，我相信你能处理好，如果你需要帮助可以告诉老师或者爸爸妈妈哦！”

青少年期的啰唆习惯及心理分析

大多数青少年的语言会变得很简练。家长通常觉得孩子不愿意跟自己沟通。一进门，把自己的房间门关上，家长总是有一肚子话不知道该怎么跟孩子诉说。说多了，怕孩子嫌自己啰唆，说少了，又怕自己关心得不够。这时，孩子可能在网上跟一些陌生人在天南海北地聊着，似乎有说不完的话。他们也从未意识到此刻的自己有多啰唆。网络就像一个宣泄口，让他们可以把心中所想任意说出来，甚至他们会夸大自己的想法和感受，反正对方也不会在乎。

有些青少年并非是想封闭自己，不需要情感交流。他们不跟家长啰唆，是因为他们发现，一旦跟家长说点儿什么事，家长就会过度解读，再普通不过的日常闲谈都会被家长看成天大的事情。例如，有一个男孩跟家长表达，班上有一个女孩蛮好看的。家长立刻紧张起来，反复追问孩子是不是有了早恋的心思，甚至还联系老师，要求老师帮忙盯梢。这个男孩自然对家长的反应感到很厌烦，从此不愿再跟家长聊天了。

要想养成不啰唆的好习惯，我们该怎么做

唠叨和啰唆都无法使儿童青少年养成好习惯。要想孩子养成自律、自主的好习惯，就要在跟孩子相处时注意以下几点。

第一，认真对待孩子的“十万个为什么”，呵护孩子的好奇心。我们经常可以看到家长的一些错误的做法，如立刻告诉孩子正确答案，或是敷衍地说声“我也不知道”“别瞎问”。首先，我们要记住，在孩子提问时，要先等待一会儿，给他们足够多的时间去调整和补充自己的问题。其次，家长要积极思考孩子提出的问题，并带动孩子一起找答案。最后，由孩子来对问题进行总结和回答。

第二，使用正面管教的方法，用积极的词语鼓励孩子做正确的事情，而不是一味地重复提醒孩子不要犯错，以及不要做、不能做的事情。有时，孩子会将手指头放进嘴里，家长要提醒孩子

“小手手拿出来”或者“手指头放在外面最健康”，而不是说：“不要把手指头放嘴里，这很不卫生！”孩子会下意识地在脑海里重复家长说的话，因此，正面的提示会鼓励孩子做正确的事情。

第三，有意识地克制自己的情绪，不要因为情绪上头而说个不停。这一点对青少年而言尤其重要。青少年拒绝沟通往往会引起家长情绪激动，反而说得更多。家长要理性对待孩子青春期的特点，该闭嘴时闭嘴。有时青少年因为偏激，说出让人恼怒的话，家长要先冷静一下，再做处理，而不是立刻冲上去跟孩子理论清楚，教育他对错。青少年时期的“恶语相向”很多时候是言不由衷的，家长要注意辨别，先看准时机再教育。

第四，巧用沟通方式。除了说话，还有书信、画画等多种沟通方式。家长可以试着将自己觉得一次谈话不尽兴的事情写下来，自己先读一读，是不是必须得再跟孩子谈一下？用书信沟通是否能起到更好的效果？如果确定需要再跟孩子谈一下，注意措辞，点到为止，在书信里娓娓道来，跟在孩子面前喋喋不休、越说越激动的情形自然不同。用对了沟通方式，孩子才能欣然接受。

第五节　胡搅蛮缠：那些让人发笑的总结恰恰是最宝贵的

胡搅蛮缠通常是指孩子不讲道理，在某件事情上与大人纠缠不清，不达目标誓不罢休的行为。这种行为一般从婴幼儿期开始，一直延续到青少年期，成为很多家长困扰和苦恼的源头。那么，究竟孩子为什么要胡搅蛮缠呢？又该如何纠正孩子这种坏习惯呢？其实，婴儿期的胡搅蛮缠是无意识的行为，但他们的胡搅蛮缠为自己赢得了满足。于是到了幼儿阶段，儿童就开始出现为了达到目标而进行的有意识的胡搅蛮缠。当然，孩子的任性胡闹，也不全是胡搅蛮缠。因此，我们一定要注意辨别，有针对性地加以纠正。

下面，我们将具体分析在儿童青少年成长的各个年龄阶段中胡搅蛮缠的心理原因，以及怎么做才能养成理智的好习惯。

婴儿期的胡搅蛮缠习惯及心理分析

婴儿期的婴儿有了需求却没有人回应时，会通过哭闹来获得满足。如婴儿的纸尿裤湿了，感到不舒服，但是又不能通过语言告诉家长，他就会使劲儿哭，直到家长发现尿不湿该换了。换过尿不湿后，婴儿获得了满足。当婴儿稍微大点时，看到好吃的、好玩的，想要拿一个，可是家长不给拿。这时，婴儿能怎么办呢？对，他会大声地哭。很大概率上，为了让婴儿停止哭泣，家长会妥协，给婴儿零食或玩具，尽管他们觉得婴儿不应该吃零食，或者有些玩具婴儿玩起来有点儿危险。

通过反复的练习，婴儿逐渐意识到，如果有难以解决的问题、难以达到的目的，就要哭闹一番试试，也许问题就解决了，目的就达到了。这个时期，婴儿的无理取闹和胡搅蛮缠，是从一种无意识行为发展为有意识的试探。如果家长多次在婴儿哭闹后，满足其愿望，则会给婴儿这样的信号：会哭，才有糖吃。

幼儿期的胡搅蛮缠习惯及心理分析

幼儿的社会化水平获得了快速的发展，他们的情商也随之提高。这意味着他们开始具备察言观色的能力。在家庭聚会上，幼儿想要玩手机，家长通常是会同意的。为什么？家长爱面子，不愿意当着人群的面去跟孩子说教，不愿意让别人看到自己“管教无方”、孩子“油盐不进”的一面。所以，凡是在人多的地方，孩子的胡搅蛮缠，只要稍稍用点儿力，往往就能让家长就范。

而在家里，幼儿与家人相处时，他们会根据家长的表情和语言中流露出来的情绪决定如何获得自己想要的东西。如果他们看到家长心情不错，跟朋友在电话里聊得开心，这时来跟家长说想看会儿动画片，适当地撒个娇，一般都是会如愿的。因此，幼儿阶段的胡搅蛮缠是一种有意识的行为，在多数情景下，它是一种收放自如的情绪表演。

青少年期的胡搅蛮缠习惯及心理分析

青少年期的孩子胡搅蛮缠起来，更加让人头疼。因为他们已经有能力将胡搅蛮缠变成一场语言和逻辑的较量。如读中学的小余同学想要获得一台高性能的笔记本电脑，大人都知道，中学生日常学习偶尔需要用到电脑，但是一台具备网络搜索、文档编辑、视频剪辑等功能的普通笔记本电脑足以满足孩子的学习需要。可见，小余想要高性能的笔记本电脑的诉求并不理性。在家长拒绝了他的请求之后，他开始不断劝说家长。他收集了各类电脑性能的数据，并进行对比，强调高性能的笔记本电脑的优势，在家长推荐了一个普通型号之后，他又去网上找该型号笔记本电脑的负面评价。他在试图通过自己的举证，来说服家长做出非理性购物的决定。

同样是不达目的誓不罢休的胡搅蛮缠，青少年的表现更加“智慧”。他们的逻辑思维非常活跃，语言运用更加现代化，总是能将歪理说得“冠冕堂皇”。通常会让家长觉得自己落伍了，孩子知道得更多，也许就应该听孩子的。

要想养成不胡搅蛮缠的好习惯，我们该怎么做

第一，正确分析孩子的胡搅蛮缠行为，找出其中的合理因素与不合理因素。孩子的胡搅蛮缠都是有原因的，有时，孩子是为

了达到某种明确的目的；有时，孩子胡搅蛮缠是因为宣泄情绪，没有确切的目的。看透了孩子行为的本质，才能对症下药。态度鲜明地拒绝不合理的胡闹，安抚孩子失控的情绪。

第二，实施正面管教，先弄清楚孩子的胡搅蛮缠是无意识行为还是有意识行为。无意识行为经过多次强化，会转变成潜意识的行为或有意识的行为。胡搅蛮缠本质上源于孩子对父母的依赖和信任。因此，在现实生活中，我们发现孩子会缠着父母或直接照料者撒娇耍赖，但是不会对外人使出这一套。因为他们清楚谁有可能满足自己的愿望。要明确拒绝孩子无意识的胡搅蛮缠，这样能让孩子逐渐意识到，撒娇耍赖是没有用的。而当孩子已经发展为有意识的胡搅蛮缠时，家长要明确告诉孩子这样做是不对的，以及如何做才能实现愿望。孩子有了正确的方法指导，下一次就会尝试通过正确的途径去达到目的。

第三，巧用规矩约束孩子。面对孩子的无理要求，父母总是会全方位考虑利弊，很多时候会因为场合、情绪而迁就或纵容孩子。这种行为就会强化孩子胡搅蛮缠的不良习惯，让孩子将胡搅蛮缠和达成目的画上等号。所以，为了避免家长出于情感考虑而左右为难，或者与孩子辩论扯不清的逻辑，我们应该从一开始就跟孩子约定好规矩，并严格执行。如跟孩子约定好，每年只在生日、儿童节、新年和学期结束时购买玩具，其他时间只能欣赏橱窗里的东西，绝不购买。这样，孩子在耍赖要求家长购买玩具时，就可以依据家庭约定来说服孩子。

第四，多用共情理解孩子的行为，不要把惩罚当作教育。有时孩子因为撒娇而对家长提出无理的要求，目的在于想要听到家长表达爱的心声，而不是为了获得什么具体的物品。这时，家长要指出孩子的不当行为，给孩子改正的机会，不要轻易去惩罚孩子。例如，一个小女孩哭着说要把路边的小野猫带回家养，但父母不同意家里养宠物，而且小女孩以前说过自己没有耐心照顾动物，因为太麻烦了。这时，父母可以通过共情，表达自己理解小女孩关爱小野猫的心情，赞赏她的爱心，并提出以后可以陪小女孩送食物来给小野猫吃的建议。这样小女孩就能感受到父母的爱与理解。如果父母对小女孩的行为不理解，对她一阵批评教育，则会适得其反。

第五，家长要善于反思和“复盘”。如果可以愉快地获得满足，没有孩子会去胡搅蛮缠。因此，孩子的胡搅蛮缠行为与家庭环境和教育方法有关。有的家长标榜要做民主父母，在孩子小的时候特别溺爱孩子，对孩子有求必应，事事征求孩子的意见，导致孩子认为自己的愿望都能实现。还有一种情况，是家长在管教孩子时没有明确的标准，是否回应孩子的愿望，全凭自己的心情。这会让孩子的愿望没有参照标准，容易通过胡搅蛮缠来试一试，看看能否获得满足。因此，家长在遇到孩子胡搅蛮缠的情况时，要反思自己的教育方法是否有问题，如果有问题，就要及时改正。除了改正自己的教育方法和育儿思想，还要为孩子“复盘”，帮助孩子分析，为什么会发生这样的情况？怎样做能够避免无理取闹，以及是否能找到不吵不闹还能满足愿望的方法？如果没有可能在这一次满足愿望，该如何调整自己的情绪，积极面对失望的情绪？帮助孩子“复盘”的过程，也是家长进行再次反思的机会。

第六节　受挫：如何从复盘的过程中赋能

在前文中，我多次提到了“复盘”。可能有的读者还不熟悉何谓复盘。在这里，我就单独开辟一节来谈谈复盘的话题。“复盘”本是围棋术语，意思是下棋的人在下完一盘棋后，重新在棋盘上再把对弈过程摆出来，看看哪些地方下得好，哪些地方下得不好，以及思考哪些地方其实可以有另外一种更好的下法。应用到教育方面和心理学领域中来，复盘的延伸意义就发展成了一种“复盘思维习惯”：当时发生了什么一我/孩子是怎么做的一我们为什么这样做一今后遇到类似的问题，我们有没有更好的处理方法。下面，我们来具体分析儿童青少年在成长的各个年龄阶段中的复盘思维习惯的特点。

婴儿期的复盘思维习惯及心理分析

婴儿因其处于认知水平发展的初期，缺乏判断力和执行力，因此格外容易遭受挫折。比如，孩子看到妈妈来了，张开双臂想要拥抱，这时被妈妈一把塞进手推车里，推出去散步了。这是生活中常见的小挫折，孩子通常会通过大哭来表达自己的委屈。这时，家长就要做好复盘工作。我们这里谈论的复盘分为两个方向，一个方向是家长的自我复盘；另一个方向是引导孩子学会复盘。

前者我们很好理解：

发生了什么事？ 孩子大哭。

我/孩子是怎么做的？孩子想要拥抱，而我将孩子塞进了手推车里。

我为什么这样做？因为我没有注意到孩子想要拥抱，以为她张开双臂只是欢迎妈妈回来。

我们有没有更好的处理方法？有。跟孩子见面时，不急着出门，跟孩子多相处几分钟，体会下她的需求，让她觉得安心了，再把她放进手推车里。

而后者则需要我们用发展的眼光看待与孩子的沟通。婴儿期处于思维萌芽的阶段，通过向孩子展示复盘过程，家长可以向孩子灌输复盘的思维模式，待孩子长大后会逐渐理解这些过程的意义，并从中获得正能量。

幼儿期的复盘思维习惯及心理分析

幼儿处于疯狂模仿的时期，他们会学习家长、老师和身边人的思维模式。心心在幼儿园看到小朋友弄坏了彩笔时，老师跟他说："你要倒霉了，你弄坏了幼儿园的彩笔，你要赔钱！"晚上，妈妈给心心放水洗澡，不小心水放多了一点儿，心心马上说："妈妈，你要倒霉了，你水放多了，你要赔钱！"妈妈意识到，这个语言模式可能来自幼儿园，于是她试探性地问心心为什么这么说，心心回答："因为我们幼儿园老师就是这么说的啊！"这个情景变得复杂起来，这不是简单地教育孩子使用积极语言的问题，也不是纠正孩子金钱观的问题，而是如何让孩子意识到老师的做法不是最好的。

我们都知道，在幼儿园及小学初期，孩子把老师的话奉为真理，家长也时刻不忘教育孩子要听老师的话。因此，告诉孩子，老师做错了，这对孩子来说是一种冲击。如果处理得不好，可能会导致孩子从此失去对老师的信任。给心心洗完澡之后，妈妈跟她耐心地谈了一次话。

妈妈："幼儿园小朋友的彩笔为什么坏了呀？"

心心："因为他使劲儿戳、使劲儿戳，所以笔就戳坏了啊。"

妈妈："哦，彩笔轻轻一划，就能画出美丽的颜色。他为什么使劲儿戳呀？"

心心："因为他不想画画啊，所以就故意把它对戳坏掉，老师就生气了，让他赔钱！"

妈妈："他不想画画，所以把笔弄坏了。如果他重新买一支笔会怎么样呢？"

心心："他还会把笔戳坏！"

妈妈："看来赔钱买新笔也解决不了问题。你觉得怎么做才能让他爱惜彩笔、好好画画呢？"

心心："那就要给他表扬，告诉他好好画画，就能得到小贴贴，就能成为好宝宝！"

妈妈："没错！老师可以换个方式，鼓励他试着画画。也许他画画技术不是很好，需要帮助。"

心心："那老师也可以帮助他画画。"

妈妈："嗯。这也是一个好办法。今天妈妈洗澡水放多了，下一次我会注意看放水时间的，你可以帮忙提醒我吗？”

心心：“当然啦！我提醒你，你就不会放多了。”

经过一场耐心的沟通，“倒霉”“赔钱”的字眼消失不见了。这场替代性复盘，让孩子从老师的角度出发，思考事件发生的过程、当事人的做法以及更好的解决办法。孩子就会发现事情的本质，不是老师水平的问题，也不是老师值不值得信任的问题，而是老师与该同学的沟通方式存在问题。

青少年期的复盘思维习惯及心理分析

青少年在学习生活中经常会遇到挫折，因此复盘思维习惯尤其重要。在这里，我们来分析如何通过复盘为青少年赋能。在学习方面，最难过的事情莫过于付出了比别人多的时间，却考得比别人差。米格同学就遇到了这样的坎坷。期中考试成绩一出来，他就大受打击——明明他每天比别人睡得迟，为何成绩还比别人差呢？米格在老师的指导下，对自己近期的学习进行了复盘。

首先，他在纸上画下了两个类别：做得好的地方，做得不好的地方。在做得好的地方，他写道：每天延长学习时间，认真刷题。在做得不好的地方，他写道：睡得太晚，影响第二天的听课效率。其次，顺着这两个大方向，他逐渐回顾分析自己的得与失。最后，他总结得出，是时间管理出了问题，导致自己事倍功半。那么，接下来该如何管理时间，才能反败为胜呢？米格同学根据前面列出来的两个方向中的做法，采取“取其精华，去其糟粕”的策略，重新制订了学习计划。新的学习计划中规避了之前犯的错误，将之前做得好的地方“发扬光大”，必然会提高成功的概率。这就是复盘思维习惯给学习带来的帮助。遇到挫折并不可怕，如果能在挫折面前冷静复盘，就能在下一个阶段少走弯路，直达彼岸。

要想养成善于复盘的好习惯，我们该怎么做

青少年已经具备抽象思维能力，大部分的青少年已经具备了自我复盘的能力，少部分的青少年可以在老师或家长的指导下进行复盘。这个差异主要来自从小养成的思维习惯。因此，思维习惯的养成要从娃娃抓起。下面，我们来谈一谈，如何从婴幼儿期开始养成复盘的习惯。

第一，保持冷静的头脑，及时复盘。这就要求我们做好情绪控制，遇到问题时不急不躁、不吼不叫。只有经过冷静的思考，才能还原事件的全貌。回到情景当中去，才能发现问题，针对具体的问题，我们才能想出解决问题的办法。

第二，事件当事人共同参与讨论。亲子双方要共同来回顾事件发生的过程，从各自的角度出发，讨论自己做得好和做得不好的地方，如果再发生类似的事情，怎样做能有更好的结果，以及更好的结果有什么样的意义。

第三，针对不紧急的问题，也要做到定期复盘。对于一个情绪控制一直做得不太好的孩子，家长可以通过长期记录孩子情绪失控的表现，定期帮助孩子复盘阶段表现，以一个星期、一个月、一个学期或一年为阶段，来发现孩子的积极变化和发生的一些新

问题。而青少年则可以尝试独自做好复盘。家长不要去命令或强迫青少年做复盘，因为这往往会引发新的冲突。正确的做法是通过前期的示范和训练，让孩子养成一种复盘的习惯。

第四，锻炼孩子自我复盘的能力。前面我们提到了，培养孩子复盘思维习惯的顺序依次是从婴儿期向孩子展示复盘的过程，到幼儿期训练孩子进行自我复盘，再到青少年期鼓励孩子独立完成复盘。在孩子进行复盘练习时，家长切记不要轻易否定孩子的复盘结果，要持开放的态度去看孩子的复盘。我们要知道，孩子的辩证思维能力还在发展中，随着辩证思维能力的发展，他们会在下一次复盘中发现上一次复盘存在的问题。我要提醒教育者和家长们，对待儿童青少年习惯养成的问题，要有足够的耐心。

第七节　退缩：重新开始没有什么大不了的

有些儿童平时很孤僻、胆小，不愿意跟其他小朋友玩，不爱说话，宁愿活在自己的世界里，独自玩玩具，或只跟家人玩。婴儿期他们表现得比较安静、不主动跟别人玩，而进入幼儿园或小学之后，他们开始表现出紧张、害怕，甚至不愿意上学。熟悉环境之后，他们的退缩行为又会逐渐隐藏起来。退缩行为具体是指儿童在面对人际交往、新鲜事物和日常活动时，表现出抗拒和害怕的行为。在人际交往方面，有退缩心理的儿童会性格孤僻，表现出不合群的行为；他们不愿意尝试新鲜事物，在日常生活中遇到困难也不敢独自面对，或是遇到挫折就想放弃。家长往往不知道该怎么处理这种现象：如果任由孩子放弃，可能会导致他形成畏难的心理；如果要求孩子坚持，又怕引起孩子的激烈反抗和叛逆心理。我们只有找到儿童青少年出现退缩行为的原因，才能有效地改变这种习惯。下面，我们从儿童青少年成长的各个年龄阶段来具体分析退缩习惯的心理特点。

婴儿期的退缩习惯及心理分析

虽然我们常说，婴儿不会被惯坏，怎么宠溺婴儿都没错。可是，如果宠溺的方法出了问题，也会酿成难以接受的后果。朱迪的奶奶全心全意地照顾着孙女，朱迪在学走路时，不小心摔倒了，奶奶会冲上去拍打地板，责怪地板让朱迪摔倒了。然后一把抱起朱迪说：“没事，咱有奶奶抱。”类似的情形发生好几次之后，朱迪在很长一段时间内都不愿意再学走路了。因为奶奶在朱迪遇到挫折时，总是给予朱迪“不必要的帮助”——责怪地板，这会让朱迪依赖这种责怪，不去尝试学步。逐渐地，这种依赖还会扩散到生活中的其他方面，如见到生人不愿意去交流，而是躲在奶奶后面，由奶奶代为出面打招呼。有不好拆开的零食包装袋，也不肯自己尝试打开，她会直接塞给奶奶去拆，或是因为害怕自己拆不开袋子而生气地将零食扔掉。

这是因不恰当的溺爱而引起的婴儿退缩行为。如果朱迪的奶奶能意识到自己的问题，及时改正方法，她就会在孩子跌倒时，先观察一下。如果孩子没有哭，那么静静地走到她的身边，给予她鼓励，告诉她：“宝贝，前面几步都走得很好呢，后面几步走得有点儿急，所以摔倒啦！没关系，咱们下次走慢一点儿试试。”这时，孩子能感觉到摔倒没什么大不了的，再试一次就好。如果孩子哭了，奶奶可以关心地问她：“宝贝，你摔疼了没有，要不要奶奶扶你起来？”这样，既考虑了孩子的感受，又把选择权交给了孩子，让孩子感受到了爱与安全感，她就会觉得自己有能力去解决这些问题。孩子在面对挫折时会感到紧张、害怕，肯定希望获得别人的理解与支持，因此，我们要给孩子时间去应对自己的情绪，然后才有心理准备来思考如何解决难题。

幼儿期的退缩习惯及心理分析

孩子上了幼儿园之后，经常会带一些家庭作业回家，这些作业难度不大，通常是涂涂颜色、连连线。主张给幼儿布置家庭作业的幼教工作者认为，这样的家庭作业能增进亲子之间的感情，因为大多数作业都是需要家长参与的。而慧慧的家长则将作业视为自己的任务，每次都亲自上阵，帮助孩子搞定作业。刚开始，慧慧很开心，沾沾自喜地带着作业去学校。可是到了课堂上，老师让每个小朋友都用彩色笔给图片涂色时，慧慧就不肯下笔了。因为在家里，这种涂色的事情都是由妈妈来做的，她怕自己会涂错，挨老师批评。

幼儿的动作技能已经发展得很好，能够抓握用笔了，涂色本是幼儿能够完成的任务。慧慧在这个任务面前的退缩是因为妈妈的不当干预。慧慧习惯了待在“不要动，妈妈来办”的舒适区里，面对新任务自然会产生害怕的心理。因此，慧慧的妈妈是时候改变自己的育儿方式，帮助孩子走出舒适区，迎接新挑战。

如何走出舒适区呢？苏联心理学家维果斯基提出了“最近发展区”的理论，即“儿童现有的独立解决问题的水平”和“通过成人或更有经验的同伴的帮助而能达到的潜在的发展水平”之间的区域。经过分析，我们可以发现慧慧的现有水平是能够握笔涂色，通过老师或家长的帮助而能达到的潜在的发展水平是用彩笔给图片均匀地涂色。在这个过程中，我认为有两个细节很重要：一是肯定儿童现有的水平；二是给儿童提供帮助，而不是代劳。

青少年期的退缩习惯及心理分析

很多家长发现，对孩子的学习逼得越紧，参与得越多，孩子的成绩就越不理想，甚至产生厌学的心理。于是，他们觉得很纳闷，为什么有些孩子学习很主动，遇到难题总是迎难而上，而自己家孩子则遇到一点儿小困难就往后退呢？是什么造成了两种完全不同的局面？原因可能要追溯到婴幼儿期的家庭教育。前文中，我们已经提到，在婴幼儿期，要为孩子的发展搭建好合适的平台，让孩子持续在“最近发展区”往前跳，就能顺利达到新的发展水平。然而，如果婴幼儿期忽视了“最近发展区”，而且孩子已经有了畏难情绪和退缩行为时，我们该如何矫正这一行为呢？

首先，家长要认识到步步紧逼的家庭教养模式剥夺了孩子的空间和时间。这种教养模式让孩子感觉到被束缚，他们害怕自己考试考不好会被家长批评，甚至打骂。于是整天生活在危机之中，心里充满了焦虑和恐惧，既不敢放下书本去玩，又无心去思考如何学习。其次，家长要接纳孩子的全部，鼓励孩子通过同伴学习，自己解决问题。这意味着，不要用成绩来定义一个孩子的成功与失败，不要把孩子当成没有感情的学习机器。当家长不再盯着孩子的成绩不放，孩子对学习的抗拒也会松懈下来。当孩子不再觉得自己处在危机之中时，他们反而会对学习的内容产生兴趣。

除了上述的家庭教养模式，还有其他的教养模式也会造成儿童青少年的退缩行为，下面，我们对教养模式进一步说明，同时分析如何做，才能避免儿童青少年出现退缩行为，以及如何纠正已经出现的退缩行为。

美国发展心理学家戴安娜·鲍姆林德通过一项开创性的研究，调查了 95 个家庭的 103 名学龄前儿童，并通过访谈、测验和家庭研究 3 种方式，测验儿童是如何完成任务的，从而提出了 3 种家庭教养模式，再以此为根据，描述了家庭教育中的典型行为模式：独裁型、放任型和权威型。

第一种类型是独裁型，父母强调控制权。他们要求孩子绝对服从自己制定的行为准则，假如孩子违背他们的意愿，就会遭到专制且严厉的处罚。他们给孩子的感觉是冷漠和不近人情，他们的孩子容易形成孤僻和多疑的性格。

第二种类型是放任型，父母注重自我表达和自我调节。他们很少对孩子提出要求，尽量让孩子自由活动，当他们觉得有必要制定准则时，会向孩子解释原因，并与孩子共同决策，很少责罚孩子，他们不专制、不苛责，甚至放纵孩子。他们的孩子在学龄前是最不成熟的，自我控制和探索能力都是最低的。

第三种类型是权威型，父母注重孩子的个性，同时也会对孩子施加社会性的限制。他们有信心管理孩子的行为，也尊重孩子的决定、兴趣、想法和个性，他们关心和接纳孩子，但也要求儿童品行端正，坚持既定的标准和规则。他们会解释制定标准的理由，并鼓励亲子间进行语言交流。这类孩子的安全感强烈，因为他们了解父母对自己的爱和期望。拥有权威型父母的儿童，在学前期比较独立、自我掌控和自主，探索性和满意度也是最高的。

美国积极心理学家马丁·塞利格曼等人通过心理学研究，提出了第 4 种风格，即忽略型（或非卷入型），这类父母有时由于压力或沮丧，只关注自己的需要而忽略孩子的情绪和需要。忽略型的教养模式会导致个体在儿童期和青少年期发生社会性退缩等行为失调的现象。

要想养成不退缩的好习惯，我们该怎么做

第一，及时识别孩子的畏难情绪，做好正面的引导。通过认知分析和情感共鸣，让孩子感受到自己正在被接纳和关怀。

第二，父母在家庭教育中、老师在学校教育中都应该注意自己的态度和方法，不做独裁者，尊重孩子的成长规律和存在的个体差异，不用一刀切的期望和要求来束缚孩子的成长。

第三，降低期望，分阶段地调整教育方案。父母要高度参与孩子的成长过程，但是不要过分期望尽快看到教育成果。做温暖体贴的父母，告诉孩子，重新开始没有什么大不了的。

第四，不盲目地将孩子与“别人家孩子”进行比较。孩子主动“瞄准”的榜样有利于孩子前进，而家长强加的参照标准则会导致孩子产生抗拒。他们不愿意被比较，因为他们知道比较的结果是自己比别人差。这种挫败感让他们想躲起来，进行自我保护。

第五，有研究表明，相比其他类型的父母，权威型的父母培养出优秀孩子的概率最高，孩子在成长中受益越来越多，长大后更懂得感恩父母，您愿意成为这样的父母吗？

第三章

表达习惯篇：孩子的语言习惯里藏着家长的养育模式

第一节　指责：你怎么这么早就起床了

3岁的心心不爱睡懒觉，每天都是7点左右起床。心心起床后，奶奶就得跟着起来陪她玩，所以从奶奶的角度出发，她希望心心早上多睡一会儿，起来迟一点儿。因此，她看到心心早起的时候，总是带着指责的语气问："你怎么这么早就起床了？"心心正在牙牙学语的时期，这种指责在她看来已经习以为常。妈妈下班回到家，她也不由自主地说："妈妈，你怎么才回来？"这给工作了一整天的妈妈带来的感觉并不舒服。如果她说："哇！妈妈你终于回来啦，我好想你呀！"妈妈一定会觉得一天的劳累都被这种关心和被需要的感觉抵消了。

指责，作为一种不好的习惯存在很多儿童青少年的语言表达中，给生活加入了一剂难吃的调味料。下面，我们从儿童青少年成长的各个年龄阶段分别来看，指责的语言习惯是如何形成的，有哪些特点，以及我们怎样做才能改变这个坏习惯。

婴儿期的指责习惯及心理分析

照料婴儿是一件很辛苦的事情。因此在忙碌和疲惫时，有些家长就忍不住因为一些小事而互相指责。爸爸指责妈妈，妈妈指责奶奶，奶奶在爸爸妈妈上班去了之后又指责孩子。孩子白天受了委屈，晚上见到了爸爸妈妈自然又会哭闹一番，可是不明缘由的爸爸妈妈又再次批评孩子。指责就像是一个恶性循环，在这个家庭里形成了一种语言习惯。可想而知，在这样的语言环境中长大的孩子，将来也会习惯用指责的语气去说话。

家长因为自身的疲惫，而将消极情绪通过语言责怪的方式转移到另一个人身上：妈妈没有在被爸爸指责时，跟爸爸理论清楚，解决不满，而是将怨气发泄在奶奶身上。奶奶同样没有就事论事，与妈妈讲道理，而是把矛头指向了无辜的孩子。您发现了吗？每个人都在找一个软柿子捏。指责别人不是因为他犯了错，而是因为我自己不爽。孩子通过观察，会逐渐模仿大人的行为。只要他觉得不高兴，他就会指责别人：怪奶奶做的饭不好吃，怪妈妈买的衣服不好看，怪爸爸周末没有带他出去玩，甚至怪邻居家的狗狗没礼貌。这个时期的指责大多是无意识的行为，当有一天，家长意识到孩子总是在无端地指责自己时，他们就该反思一下：为什么孩子会这样做？我们有没有这样做过？这时，他们会发现，正是自己在孩子的语言习惯里埋下了指责的种子。

幼儿期的指责习惯及心理分析

幼儿的社会活动开始丰富起来，学校、社区、公园、兴趣班、游乐场等场所都是他们人际交往的平台。俗话说“不争不抢不好玩”，我在公共游乐场经常会看到一个小孩玩滑梯，就会引来很多小孩过来抢着玩滑梯。有一群小朋友要逆行从滑梯底部往上爬，而另一群小朋友则要从上往下滑。他们发生冲突时，上面的小朋友妈妈就跑过来指责："滑梯不能从下往上玩！这点规则意识都没有吗？大人是怎么教育的？"下面的小朋友愣了一下后，就哇哇大哭起来。而有妈妈撑腰的小朋友则笑嘻嘻地从上往下滑了之后，又挑衅似的从下往上爬。众目睽睽之下，这位妈妈又把自家孩子拉起来打一顿，嘴里说着："我叫你跟他们学坏！我叫你跟他们学坏！"

这位家长可谓是将指责的本领发挥得淋漓尽致。首先，她因为爱子心切，强行干涉孩子们的游戏，并对其他孩子的家长都强加指责。我们都知道，三四岁的孩子喜欢挑战有难度的游戏，对于滑梯能不能从下往上爬的规则并不完全理解。大多数家长都会教育孩子滑梯不能逆行，但是这并不意味着孩子会完全听从。其次，她因为怕丢面子，而对自家孩子进行惩罚，同时还不忘继续指责别人家的孩子。从她家孩子熟练地从下往上爬的动作来看，他显然不是今天才学会的逆行！而两方的儿童都目睹了一场指责大会，他们的心理会发生怎样的变化呢？首先，有家长撑腰的一方会看到，有人做靠山时可以指责别人，即便是自己的错误，也可以指责别人，因为有大人的支持，自己的力量会更强大。其次，另一方儿童则会对爱指责的家长产生怨气，这种怨气终将有个接收方——可能会是比他们力量弱的其他同伴，或是未给他们出面争抢的家长。

青少年期的指责习惯及心理分析

心理学家皮亚杰认为青春期是孩子从具体思维到抽象思维过渡的阶段。在这一阶段，孩子有了自己的道德标准，已经逐渐变得强大，不再局限于曾经思想的束缚。开始对自己有了新的理解，对世界也有了一个新的架构。新的思想的迸发，使得一些孩子常常希望在人群中脱颖而出，他们希望自己是这个人群的焦点。同时，在家中他们也希望更多地去表达自己的观点，而这使得一些孩子常常与父母因为一些观点上的分歧而产生争执。在家长过度压制的家庭环境中，孩子往往逐渐地不再表达自己的看法，开始变得喜欢循规蹈矩地做事情。相反，一些孩子虽然受到家长压制，但是他们敢于斗争，打破了原有的家庭制度，找到了和家长更好的相处模式。

在上学期间，很多家长和老师都喜欢听话、老实的孩子，因为他们能够按部就班地根据长辈的安排来学习，很少去反驳家长的意见。而打破传统、特立独行的青少年通常会被贴上叛逆、不服管教的标签。这多少也有些不公平。

其实对一些家长来说，他们只不过是希望能够用简单一些的方式来教育孩子，因为过于繁忙的工作使得他们不愿意回家再去和孩子进行争辩。但是现实生活却显示那些往往有所成就的孩子，在小时候并不是乖巧懂事的孩子。

要想养成不指责的好习惯，我们该怎么做

第一，因势利导，别唱反调压制孩子，理解孩子的思维方式，培养孩子的思辨能力。

青春期的孩子特别希望自己的观点能够获得别人的认可，因此他们卖力表现自己，甚至通过偏激的方式去证明自己。我们可

以通过分析他们观点中的细节，找出值得肯定的地方，并将他们过去做得好的地方联系起来，让他们看到，在家长或老师眼中，他们是在一直前进的，是有希望的。这个自我评价对他们来说很重要。

第二，倾听孩子，了解孩子的语言逻辑，引导孩子通过阅读专业书籍，用科学知识来武装自己的大脑。

一些家长在和孩子争吵时发现孩子的反应速度越来越快了，常常会让家长不知道怎样来接这些话。每当这时，家长千万不要大发脾气，发脾气会让我们丧失对孩子的了解，还会让孩子越发不喜欢和我们沟通。所以在这时，我们要尽量平息自己的怒火，从孩子的角度出发去思考这个问题。要理解孩子，他们已经有了自己的想法，不应该去过度地强迫他们。

第三，给予孩子表达立场的机会。

常常有一些家长说孩子年纪太小，没有办法决定这些事情。一旦我们和这些家长沟通，建议他们去拿一些小事来和孩子交流，去感受一下孩子的想法和思维时，他们会意外地发现，其实孩子懂得的事情往往比他们想象得要多。所以，不要低估孩子的能力，在生活中尽可能多地给予孩子建言献策的机会。做一些重大决定时也要参考孩子的意见，让孩子知道我们是尊重他们的，同时也让那些爱顶嘴的孩子拥有更多的思辨能力。

第四，以身作则，用积极解决问题的态度代替消极埋怨和指责。

遇到问题时，家长首先找到问题的症结所在，朝着问题解决的方向跟孩子沟通。这个以解决问题为导向的态度会给孩子带来正面的影响，孩子将来在生活中再次碰到类似的情形，就会学习父母积极处理问题的方式。

第二节　撒谎：骗孩子一时，会害了他一世

撒谎是普遍存在于儿童青少年身上的行为。很多家长遇到孩子撒谎，就如临大敌，以为孩子变坏了，不知道该怎么管教了。还有一些家长为了防止孩子从撒“小谎”发展成撒“大谎”，甚至走上犯罪的道路，就在孩子撒谎时施以最严厉的惩罚。然而，他们却没有弄清楚，孩子为什么会撒谎？撒谎的背后有哪些心理因素？如何正确教导儿童青少年不要撒谎？下面，我们将从儿童青少年的不同年龄阶段来探讨这些问题。

婴儿期的撒谎习惯及心理分析

我们在前文中多次提到，婴儿期的孩子由于还没有学会语言表达，所以经常通过大声哭闹来表达他们的需求，告诉父母或直接照料者“我饿了！”“尿不湿该换了，我不舒服！”……然而有些家长在孩子哭闹后发现，有时他们并非想要喝奶，尿不湿也没湿。但是由于家长的积极关注，孩子逐渐停止了哭闹，恢复了平静，并且表现出了好心情。家长这才意识到，原来孩子是想要妈妈的关怀，才故意做出难受的样子，于是开心地对着孩子说：“你这个小骗子，会骗妈妈了呀！”

婴儿这种无意识的撒谎更多的还是一种条件反射。当他们饿

了、困了、身体不舒服时，他们本能地哭喊，如果每次哭喊都能引来大人的关注，并获得食物和照料，那么他们就会在下次感到莫名不舒服时，也采取同样的策略——哭喊。因此，这时的哭喊看起来是“骗人的”，其实只是大脑的条件反射。正是这些“谎言”让家长有机会看到孩子那些隐性的需求，如情感的渴望、莫名的烦躁等。

幼儿期的撒谎习惯及心理分析

婴儿期的撒谎行为很好理解，正如婴儿的大脑思维一样简单，相比之下，幼儿期的撒谎行为就比较复杂了。我们先来看一个案例。

奶奶带着小齐在小区花园里玩耍，小朋友们在一起吹嘘自己的玩具。小齐说自己的航天飞机能飞到太空，还能再飞回来。小晨则说：“这算什么，我这个弹弓，一下子就能把你的航天飞机打下来！”说着说着，两个小朋友互不相让，开始推推搡搡，逐渐发展成了“打架”，各自“挂彩”，最后不欢而散。回到家后，奶奶让小齐把今天在小区花园发生的事情跟爸爸妈妈描述一遍，并做了一些“与小朋友友好相处”的教育。这时，小齐却说：“没有发生什么。”“什么都没有发生，我们不是玩得好好的吗？”可是鼻梁上明明还有对方留下的痕迹。小齐为什么撒谎呢？

小齐不愿意跟家长说实话的行为，可以看作有意识的撒谎。因为他知道自己和别人打架是一件不被欣赏的事情，奶奶刚刚通过“教育”表达了这种观点。他不希望爸爸妈妈就同样的一件事情，再来批评他一次，所以他拒绝说出事实，以为这样就能避免被批评。现实生活中，还有很多小朋友会因为担心自己说出事实后，被家长责怪，甚至失去家长的疼爱，而选择撒谎。

青少年期的撒谎习惯及心理分析

最近，我注意到媒体上有两个跟撒谎有关的热搜事件。一是某小学生凭借“结直肠癌基因研究”的课题成果，获得了全国青少年科技创新大赛的三等奖。二是有个 16 岁少女自称每天能写 2000 首诗，并在一些会议上发表演讲。前者的小学生家长已经公开致歉，表示孩子是无辜的，错的是自己。而后者中 16 岁少女岑某诺及其家长都声称他们没有撒谎，日均 2000 首诗歌没有问题，2500 ～ 3000 首也是有可能的，主要是看打字速度了。

相信很多读者看到这样的新闻报道时，跟我一样感到惊讶且发出叹息。小学生获奖一事，撒谎的缘由清清楚楚——为了给孩子的履历增添亮点。家长恰好有资源，悄悄弄一个三等奖，不像特等奖那样扎眼，但也相当够分量。小学生本人在此事件中恐怕只是一个被动参与者，撒谎的是家长。而少女日均写诗 2000 首的传说，则更加令人费解。通过对少女岑某诺及其家长的采访内容、视频信息等资料的分析，我们可以断定虚荣心在这个撒谎事件中占有重要的比例。

青少年的撒谎是有目的、有意识的行为习惯。一旦他们的目标因为撒谎而达成，他们就会习惯性地将撒谎当作一种手段，去实现自己的愿望。而这些目标可以简单地分为两类：一类是主动地追求某个具体的目标，如名气、利益等；另一类是避开某些不好的东西，如家长和老师的责备、同伴的议论和社会的舆论等。

要想养成不撒谎的好习惯，我们该怎么做

我们都知道，谎言是没有办法杜绝的。某些场合下，谎言甚至是被表扬的。如善意的谎言，英文叫作 white lie，是指出于某种善意的原因而说的谎言。父母一句谎言，让涉世未深的孩子走回正道的故事也并不少见。因此，我们换个角度来看孩子的谎言，也就不能“一棍子打死”。引导孩子正确看待谎言，并理解谎言带来的后果，是我们必须做好的事情。

第一，分清有意识撒谎与无意识撒谎。

儿童青少年的撒谎分为有意识撒谎与无意识撒谎，无意识撒谎主要出现在婴幼儿期，但是在青少年期偶尔也会出现，如青少年在情绪激动时，也会脱口而出一些子虚乌有的事情。有意识撒谎是伴随着个体的抽象思维发展，以及意识的发展而产生的。为了达到一定的目的，他们捏造事实。

如何解释谎言的后果，对儿童青少年来说至关重要。他们在撒谎时，考虑过后果吗？婴幼儿显然没有，他们只是鲁莽地认为自己的谎言就是事实。而青少年则是有意识地撒谎，因此他们是有计划的，知道撒什么样的谎能让对方相信，也预设过如果谎言被拆穿，该如何应对。

因此，老师和家长在发现孩子撒谎时，不能只一味地批评他们，而要分析这种行为习惯的前因后果。在责备他们时要就事论

事，指出他们计划中错误的地方，以及可能会造成的后果，并肯定他们以前做得好的地方。这样一来，孩子不会认为撒谎是个灾难性的错误，自己的品质已经无可救药，从而破罐子破摔，用一个谎言去圆另一个谎言。

第二，分清主动撒谎与被动撒谎。

主动撒谎的孩子都是被迫的，而被动撒谎的孩子大都是有选择的。为什么这样说呢？因为主动撒谎的孩子一定是长期生活在高压的环境下，撒谎是他们习得的一种求生本领。通常父母会因为他们犯错而施以严厉的惩罚，因此遮掩错误也成了他们撒谎的主要动机之一。而被动撒谎的孩子很多时候是因为从众而选择了谎言。如果不附和家长或同伴的谎言，可能会被孤立，或是受到惩罚，因此他们选择不说出真相而附和谎言。

对于主动撒谎者，父母要注意自己的教养模式，老师要采取恰当的批评方式，给孩子敢于坦白的宽松环境，对孩子的错误就事论事，不能上升为人格方面的攻击，以免给孩子造成伤害。而对于被动撒谎者，父母和老师要多做心理建设，遇到类似情景有哪些求助措施，以及给孩子足够的安全感和信赖，并通过在家庭、学校里进行模拟练习，来帮助孩子加强这样的信念，如“正确的做法没有那么难”“情况并没有那么糟”“家长和老师一定能帮助我”等。

第三，区别善意的谎言。

有时孩子撒的谎让人有点儿摸不着头脑，明明是不需要撒谎的事情，为什么不说真话呢？这时，我们就要考虑孩子是不是有什么顾虑，或许这只是一个善意的谎言？我们来看一个案例。

小迪的妈妈在跟同事炫耀小迪的英语已经学完分级阅读第三级了，能够独立阅读章节小说了。这时妈妈的同事问小迪："平时是怎么学习的？"小迪讪讪地说："也没怎么学习，就是随便看看。"妈妈一听就火了："我不是给你报了培训班吗？还有在线课程，你姐不是还帮你听写了，这哪是你随便看看就能取得的成绩？"小迪拉了拉妈妈的衣袖，没好意思再作声。妈妈立刻会意了，原来这位同事的女儿因为上培训班的事情跟家长闹得很僵，曾经离家出走。小迪是不希望妈妈的同事回家后再次因为报班的事情跟孩子起冲突，才选择了说善意的谎言。

第四，发挥榜样的力量。

家长和老师要做好语言的榜样，言出必行，言行一致。在遇到孩子撒谎时，正确解释孩子的谎言中存在的问题，以及可能带来的后果，无须将谎言的作用妖魔化，也不能无故将谎言美化。

第三节　随意许诺：明天我一定带你去玩

我们都在教育孩子要诚实，但是很多父母和老师自己却忽略了这一点，经常给孩子随意许诺，最后却因为时机、环境等原因不能兑现诺言。孩子在希望落空后，免不了伤心失望、哭闹不止，这时大人又再一次许下新的诺言……这无疑是雪上加霜。

多次被父母的诺言忽悠之后，孩子也学会了信口开河。因为在他们的意识里，随意许诺不过是个权宜之计，根本算不上什么“骗人”或是“毁约”，每个人都有自己的“不得已”，他们的借口跟父母之前的说辞一样多。由此可见，随意许诺对孩子的表达习惯影响很大，下面，我们来具体分析随意许诺给儿童青少年成长的各个年龄阶段的心理发展带来的影响，以及怎样做才能避免形成随意许诺的坏习惯。

婴儿期的随意许诺习惯及心理分析

对婴儿随意许诺的成本可能是最低的，因为婴儿还听不懂父母的诺言。然而，家庭的语言习惯总是会形成稳定的模式，在婴儿期习惯跟孩子随意许诺的家长，很可能在接下来的阶段继续保持这个习惯。除此之外，在一些重大决策上，随意许诺也可能会对孩子造成巨大的伤害。

优优的妈妈在优优刚学会说话时，就跟他反复保证：“妈妈最爱你了，这辈子只要你一个宝宝就够了，所有的爱都给你。”谁知，计划没有变化快，优优不到一岁，妈妈又怀是上了二宝，犹豫再三，妈妈决定将二宝生下来。这次妈妈再次跟优优保证：“尽管妈妈会给你生个弟弟或妹妹，但你永远都是妈妈最爱的宝贝！”可是，二宝出生后，家里照顾不过来，经过协商决定将优优送去托儿所。不到两岁的优优经历了什么？先是被妈妈承诺他是唯一的宝贝，接着成了虽然不是唯一，但仍然是妈妈最爱的宝贝，最后变成了妈妈“放弃”的宝贝。优优在托儿所经常流泪，老师都觉得优优似乎有很多心事，每天都望着门口，似乎在等妈妈把他接回家。

妈妈一时的承诺在孩子心里的分量有多重？为人父母的都能想象得到。孩子从出生开始，依赖的便是父母的爱。如果父母的爱并不稳定，那么，孩子就会失去安全感，对这个世界没有信任感。既然父母说的话都不一定是真的，那么还有谁的话可信呢？

幼儿期的随意许诺习惯及心理分析

幼儿无时无刻不在观察周围发生的一切，他们会注意家人的声音变化、服饰改变、心情转变。他们通过自己的观察总结，不懂就问，再根据父母的回答来形成自己的世界观。

有心理学家研究表明，孩子在 3 岁这个年龄阶段对大人的话是坚信不疑的，即使大人说的是假话，他们也相信。父母说喝了“漂亮水”（其实是感冒药）会变成最漂亮的小公主，爱美的小女孩一定会毫不犹豫地喝下。幼儿对这个世界的认知最初是来自父母，进了学校之后，又来自老师。因此，我们会观察到，幼儿园和小学低年级的孩子是最崇拜老师的，老师的话在他们眼中是最神圣的。

幼儿园里，张老师对小朋友们说："只要你们表现好，每个人都能得到小贴纸。"小朋友们可高兴了。到了放学时，有好几个小朋友没有得到小贴纸，他们眼巴巴地望着张老师，可是张老师却说："今天的小贴纸发完了，下次再给你们哦，你们要继续乖哦。"小朋友听了哇哇大哭起来："不是说好的每个人都能得到小贴纸吗？"以后张老师的话，还要不要信呢？小朋友们感到很疑惑，不知道该如何面对老师，如何面对这个"说话不算数的世界"。

他们感到很失望，甚至难以控制自己的情绪。有的小朋友就开始在地上打滚，或者号啕大哭，怎么劝都阻止不了他们宣泄情绪的行为。

他们很有可能会习得不守约定的行为。自己承诺好的事情，遇到困难，就想着其实也不必要一定遵守诺言。他们还会认为"约定"是可以随意违反的，并且也不会带来什么不良的后果。长此以往，父母或老师不遵守约定的行为，不仅让孩子不再信任他们，也会让孩子自己变成一个言而无信的人。

家长或老师因为随意许诺而失去权威。父母和老师本来在幼儿心里是权威者，他们说的话都是真的，孩子通常会认为父母和老师可以解决一切问题。可是如果他们随意许诺，又轻易破坏约定，那么这种权威形象也就随之瓦解了，将来也更难取信于孩子。

青少年期的随意许诺习惯及心理分析

每当考试来临，小杨的老师和家长就对他说：“考前好好复习，考完试好好放松！”等考完试，他们又换了一副态度：“还不趁着刚考完试，好好回顾一下考试内容，强化复习，下一次才能考好啊，这时怎么能惦记着玩？”截然不同的态度来自同一个人，真让小杨有点儿崩溃，简直让人怀疑这个世界的真实性。

家长和老师最初的想法是出于好意，也许并非是欺骗，但是情景改变之后，他们可能认为需要改变计划。听起来似乎无可厚非，但是对小杨来说，父母和老师出尔反尔的做法实在叫人心寒，毕竟自己也没有主动央求考完试出去玩，既然父母和老师承诺了，却又反悔，确实让人感到很沮丧。小杨的内心受到了很大的冲击，他开始不信任父母和老师，凡事都要跟他们对着干，以此来宣告自己的抗议——我也不是好惹的，不是让你们想骗就骗的。

其实这个事件中，老师和家长在承诺给小杨放松时，应该给出一个比较具体的方案，比如，给小杨完全自由的两个小时，或是看一场有教育意义的电影，而不是笼统的“放松”二字，让小杨觉得可以“放任一回”。结果父母和老师根本不允许这种“放任”，让问题存在误解的可能、争议的余地。

要想养成不随意许诺的好习惯，我们该怎么做

如果我们希望孩子做到言出必行、实事求是，那么就必须从以下几个方面调整自己的语言。

第一，对儿童青少年做出承诺时，不要夸大，给出具体的界限。如“这个月我可以带你去大型游乐场玩一次，但是具体哪天去要看我的休息时间。我争取陪你去，万一我临时有事不能去，那就请奶奶陪你去，或者等下个月再陪你去”。

第二，自身做好榜样，不轻易违反约定。如果真的不得已违反了约定，不要推卸责任，要诚恳地道歉。只有这样，你的承诺才有价值。在孩子违反约定时，要理性地解释事件，不要夸大其后果，要指导孩子做好弥补措施。

第三，不要轻易做出承诺，对于不确定的事情，不要急着给出承诺，以降低将来违反诺言的可能。尤其是对于一项需要长期坚持和投入的请求，我们要冷静分析其可行性，不要一时冲动答应孩子，事后想想不妥，又去收回诺言。

第四，树立家长和老师的权威，让自己的承诺有价值，不要为了取悦孩子而做出违背自己原则的承诺。“你想干什么都行”这种话是万万不要轻易说出口的，除非你真的能接受孩子带着一群同学来家里打游戏这样的事。

第四节　说脏话：那个孩子是傻瓜

使用优美的语言，说出得体的话，是我们希望孩子养成的语言习惯。然而，在生活中，我们看到不少孩子，包括幼儿期的孩子都在说脏话。那些听起来与他们年龄并不相符的脏话是从何而来的呢？老师认为是家庭教育出了问题，家长认为是在学校跟同学“学坏了”，其实说脏话背后有很多原因，并非由哪个单一的因素引起。同一个家庭里的两个孩子，可能一个出口成章，另一个则出口成“脏”。同一个班级里的孩子，可能有少数人脏话连篇，而大多数人并不爱说脏话。

下面，我们就来分析儿童青少年在成长期间是怎么养成了说脏话的习惯，以及其背后有哪些心理方面的原因，最后我们将探讨如何改变孩子说脏话的习惯。

婴儿期的说脏话习惯及心理分析

婴儿处在一个学习说话的阶段，周围的语言是他们学习的第一手资料。在老人带孩子出去玩时，经常会看到这样的场景：几个老人围在一起对孩子说着粗鄙不堪的方言，并鼓励孩子模仿。孩子显然分不清这是恶语还是良言，他们的模仿引来大人们的一阵哄笑，在孩子看来笑是开心的表现，是积极的信号，他们紧接着又努力地模仿那些脏话。反复的练习让这些脏话在孩子的脑海里留下印记，形成了长时记忆。将来遇到类似情景时，孩子会不自觉地说出这些脏话，于是便养成了说脏话的习惯。尽管这时他还不知道自己在做什么，而是一种无意识的说脏话行为。

因此，婴儿期的说脏话习惯主要来自家庭和社区的影响，他们说脏话的行为没有目的性，只是一种自发的无意识行为。

幼儿期的说脏话习惯及心理分析

幼儿处于一个语言能力大爆发的阶段，他们开始自己创造语言，周围的语言环境就是他们提取信息的资料库。他们开始接触影视作品，如动画片、儿童综艺节目，他们模仿影视作品里的台词，或自己喜欢的某个角色的语气。在幼儿园里，他们与同学之间也会相互借鉴用语的习惯。在商场、社区，凡是能听到的语言，他们觉得有趣的，都会在嘴里念叨。即便是电梯里的有声动画广告，他们也会背得滚瓜烂熟。家长和老师的语言风格仍然在极大地影响着幼儿的语言习惯，但是已经不是他们语言习得的唯一来源。

幼儿说脏话是出于好奇、好玩的心理，大部分时候是没有恶意的模仿。他们听到过此类的脏话发生在类似的情景，于是在相应的情景里，他们会脱口而出。幼儿的脏话来源于家庭、学校、社区、影视作品等，来源越多，越不可控。我们只能通过改变幼儿对语言的认知，帮助幼儿正确认知脏话的本质，才能教会他们不说脏话。如果这时，家长和老师严厉批评甚至打骂他们，并不会起到良好的效果，反而会让幼儿更加执着地模仿说脏话。我们要做的是给幼儿分析脏话给听话的人带来的感受，并引导他们换位思考：“如果别人跟我们说了这样的话，我们会觉得开心吗？”分清了良言恶语之后，再鼓励幼儿做出正确的选择。

青少年期的说脏话习惯及心理分析

有的青少年说脏话是为了显示自己成熟了，或多或少带有一些叛逆的色彩。小曼出身于书香门第，是一位长相清秀、穿着体面、成绩优异的中学生。她一到激动时，就会大声说：“我靠！真他妈的过瘾！”遇到愤愤不平的事情，她更是会“问候”对方全家。小曼的由家长就很头疼，外人很容易认为小曼说脏话是大人没教育好或是由家庭环境造成的。可是小曼的家人，一直柔声细语的，从未爆过粗口。小曼坦言道：“我不想做样子、装淑女，就这么爷们地说话，这感觉才爽！”

“让自己感觉爽”可能是很多青少年说脏话的直接原因，但却不是本质原因。青少年注重自己在同伴心目中的印象，追求特立独行、耍酷的个性。如果这个集体以说脏话、爆粗口为荣，个别人如果不加入这个“阵营”，就会被集体孤立。渴望得到认同，这是从众心理使然。

而少数最先使用脏话的人，又是被什么驱动呢？其实是猎奇心理在作祟。他们听到一些“刺激”“泄怒火”的语言，觉得能很好地表达某种具体的心情，便尝试着去说。当他们说出这些“与众不同”的话时，周围同伴的起哄与效仿，让他们沾沾自喜。

同时，榜样的力量在青少年的语言习惯养成中起着重要的作用。积极向上的偶像或榜样会引导青少年养成良好的语言习惯。

要想养成不说脏话的好习惯，我们该怎么做

心理学家认为，语言习惯影响着孩子学习其他学科，如果孩子经常接触社会上的负面信息，有意无意地说脏话，对其形成健全的人格会有一定影响。因此，父母有针对性的引导很重要，可以通过以下几个方面来进行引导。

第一，用是非观教育代替盲目制止。

当孩子在你面前说脏话时，一定要及时制止。你的态度决定了孩子的下一步行动。如果你一开始就持反对态度，孩子会从你的语气、表情和眼神中感受到自己的语言是不被接受的。但是，制止之后，要给孩子分析他所说的语言到底是良言还是恶语，然后让他自己判断该不该说这样的脏话。大部分孩子说脏话时，并不知道脏话的具体含义和可能带来的危害。因此，引导孩子明辨是非，树立正确的是非观，养成良好的语言习惯，而不是随波逐流，鹦鹉学舌。

第二，给孩子提供健康的语言环境。

孩子的模仿能力很强，电视、广告中的语言都是他们习得语言的素材。这些是父母难以掌控的，但是我们至少要在家里以身作则，毕竟要说模仿力，孩子无疑是最强的。处于信息时代，可供孩子观看、模仿的东西很多，如电视、电影、广播等，其中难

免存在不文明的语言，但这并不意味着父母无可作为。在家以身作则，保持语言文明、行动文明，为孩子做好表率，提供一个良好的语言环境，可以大大降低孩子说脏话的概率。

第三，适度的惩罚让孩子有敬畏意识。

如果你已经明确反对孩子说脏话的行为，且多次理性教育或警告，孩子依然我行我素、脏话连篇，你就该采取适度的惩罚了。惩罚不等于体罚，切记不能因为孩子说脏话而对他使用家庭暴力，要知道打骂孩子的行为比说脏话的行为更加恶劣。你可以取消原计划给他的奖励性活动。比如说，通常周六你们要去游乐园玩耍，但是因为孩子说脏话的行为没有得到改正，那么这个周六我们在家待着反省，哪儿也不去。如果下一个星期，孩子表现很好，没有再说脏话了，则考虑恢复奖励性活动。

第四，不要过分关注孩子的脏话。

孩子有时说脏话，是为了吸引大人的注意，享受成为众人关注的焦点的乐趣。因此，你表明自己的否定态度，要求孩子停止说脏话之后，就不要再理睬孩子。让孩子感受到，说脏话并不受人欢迎，甚至有点儿让人讨厌，他们自讨没趣之后，自然也会减少说脏话的频率。尤其是青少年，本身他们说脏话就带有一定的挑衅意味，想要宣告自己已经是大人了，可以模仿大人的样子爆粗口，以此获得同伴的认可。如果家长喋喋不休地说教，会让他们心里暗暗得意："我就是要这样说，你能把我怎么着？"大人听到之后，表明了自己的态度就把孩子丢在一边，不去跟他们理论，反而让他们很失落，下一次就会想换个方式去证明自己了。

第五节　语言暴力：孩子忽然说，我要“杀死”你

从尖声吼叫到恶语诅咒，语言暴力充斥着这个社会的每个角落，儿童青少年的生活环境也未能幸免。小小年纪嘴里说的都是“再来，我扇死你！”“去他妈的！”这些与他们年龄并不相符的脏话，这种场景让人仿佛看到了他们稚嫩身躯下的恶魔身影。

儿童青少年使用语言暴力不仅会伤害身边的人，也会使自己的内心扭曲，使自己成为没有礼貌的孩子。他们是怎么学会语言攻击的呢？大人应该如何做才能教会孩子停止语言暴力呢？下面，我们具体分析在儿童青少年成长的各个年龄阶段中语言暴力带来的心理影响，以及怎么做才能养成非暴力沟通的语言习惯。

婴儿期的语言暴力习惯及心理分析

婴儿会模仿身边大人的语言，父母粗暴的态度、偏激的语言会影响孩子的性格和语言方式。尤其是当孩子犯错时，父母的不当处理，如打骂教训、溺爱骄纵，都会影响孩子的性格。打骂会导致孩子形成逆反心理，而溺爱骄纵则会把孩子变成无法无天的“小魔王”。

在这里，我想分享一个故事。我在小区带孩子时，经常看到一位爷爷带孩子出来玩，他一手拿着手机，一手抱着孩子，而手

机里播放的经常是打打杀杀的战争片。“老子炸死你！”我路过他身边时，曾经听到影片里的人这样大声吼着。这样的“背景音乐”陪伴着孩子的日常。如果遇到宠物狗从身边经过，爷爷还会对着宠物狗做出枪击的动作，然后自豪地跟孩子说：“别怕，爷爷已经帮你把狗狗打死了！”

即使不是直接对孩子使用语言暴力，这种“磨耳朵式”的语言环境熏陶也足以让这些语言暴力深深地植入孩子的大脑。再遇到相似的情景，大脑中控制语言暴力的机制就会迅速被激活，甚至不用经过大脑再次加工，孩子就能脱口而出。

幼儿期的语言暴力习惯及心理分析

幼儿处在语言的敏感期，又有人称为“诅咒敏感期”。但并非所有孩子都会经历这个时期，有的孩子会在年龄稍大一些时才进入敏感期。如果发现孩子经常爱说脏话、狠话，动辄蹦出打打杀杀的字眼，跟小朋友发生矛盾时，会在口头上“置对方于死地”，那么他可能正处于“诅咒敏感期”，家长和老师一定要注意教育引导。同时，我们要认识到这个时期是需要平稳过渡的，切忌“以暴制暴”。大人要克制自己用语言攻击他人的欲望，不在孩子面前埋怨他人等。

在孩子犯错时，家长要用正确的方式进行批评教育，如让孩子分析对错，在给定的时间里平复心情，并主动道歉。在日常生活中，家长多用优美语言称赞孩子，赞美可以增加孩子的自信，带动孩子的热情，在享受这些美好语言的同时，也会潜移默化地接受和习惯积极的语言。

在孩子的是非观还没有完全建立时，家长要注意孩子玩耍的环境。如果孩子身边的人经常吵架打骂、发动语言攻击，那么孩子长大之后也可能会养成用语言攻击他人的坏习惯。

青少年期的语言暴力习惯及心理分析

2019 年某日晚上，在上海的卢浦大桥上，一个年仅 17 岁的孩子一跃而下，鲜活的生命戛然而止。该少年是一名高二在读学生，当天在学校里和同学发生了一些矛盾，遭到批评后，被其母亲开车接回家。在回家的路上，母亲没有停止责备，中途甚至下车持续责备他。就在母亲准备驾车离开时，孩子却突然打开了车门，头也不回地跑了出去，他决绝地跑到了高架桥边跳了下去。而他身后的母亲虽然用了最快的速度跑过去，却没来得及拉住孩子，只能眼睁睁地看着孩子从高架桥上坠落。看到孩子跳下去后，母亲跪倒在地上，号啕大哭，但已然无济于事。等民警赶到时，孩子早已没有了生命迹象，母亲的责备成了他在世间听到的最后一段话语，他决绝的背影将成为母亲一辈子的伤痛。

这个悲伤的故事也许曾让父母们短时间内反思了自己的教养方式，但是真正就此改变自己教育方式的家长可能没有我们期望的那么多。后续因为语言暴力而发生的悲剧新闻总是时常出现。语言暴力可能会引起青少年自杀、抑郁、校园欺凌等，他们既语言暴力的受害者，又是使用语言攻击伤害他人的“刽子手”。

我们只有深刻理解青少年的心理特点，才能接纳他们的全部，用语言暴力之外的方式来跟他们沟通交流。

青少年的第一个心理特点是喜欢封闭自己。主要表现为不愿意跟大人交谈，尤其不耐烦听大人的说教，但这并不代表他们认为自己是完美的；相反，他们会在封闭自己时思考自己的缺点，对自己的家庭环境、人际关系、个人能力等方面存在很多负面评价。

青少年的第二个心理特点是逆反心理日渐突出。他们想让别人将自己当作成年人对待，可是事实上自己的能力却没有达到成年人的水平，因此他们会强行给自己找理由，用抬杠的方式来证明自己的观点。

青少年的第三个心理特点是爱夸大事实。他们想让别人觉得自己是非常了不起的，希望得到大人和同伴的认可。

青少年的第四个心理特点是情绪容易冲动。情绪敏感的他们，自尊心很强，容易使用过激的语言，做出偏激的行为。

青少年的第五个心理特点是极具隐私意识。青少年开始有自己的秘密，不喜欢父母窥探自己的隐私和内心深处的故事。

因此，在青少年的心理防线被侵犯时，他们就会情绪激动，夸大自己受到的伤害，出现逆反心理，使用偏激的语言来攻击对方。如果这时父母和孩子对着干，则相当于是火上浇油，很容易酿成不可挽回的后果。

要想养成不使用语言暴力的好习惯，我们该怎么做

第一，巧用暗示效应。父母的肯定与支持是孩子力量的来源。

相反，如果父母否定孩子的一切，对孩子来说就是致命的打击。因此，父母可以通过眼神肯定、拥抱安慰和卡片鼓励等方式告诉孩子，尽管目前他遇到了一些困惑，但是他仍然有父母的爱和支持。正能量的鼓励可以和消极的语言暴力冲动相抗衡。

第二，善于观察孩子的行为和情绪。父母要对孩子的行为进行仔细的观察，总结观察结果，但是不要轻易下定义。对孩子行为的评判，容易引起孩子的逆反心理。询问原因时，要顺着孩子的情绪和思路，而不要利用家长的权威，用审判的眼光去剖析孩子的行为。

第三，善用同理心，理解孩子的感受。倾听孩子，信任孩子。给予孩子时间和空间去消化自己的情绪，不要将自己的观点强加给一个情绪正激动的孩子，耐心倾听他的情绪宣泄，并从中分析孩子的心理需求。

第四，重视孩子的评价，并了解原因。孩子用语言攻击同伴时，必然是有其原因的，父母要了解真正的原因，从源头去开导孩子，帮助孩子理清思路。

第六节　闹情绪：不给就哭

儿童青少年的言语中有很多情绪的信息，他们在高兴时眉飞色舞，声音婉转清脆；在郁闷时面如死灰，声音有气无力；在生气时面红耳赤，声音粗声粗气；在委屈时泪流满面，声音哭哭啼啼。我们需要通过仔细观察，才能辨别孩子的心情，针对性地给予支持和关爱。

对孩子情绪的漠视，或是对闹情绪的行为一刀切地批评教育，只会加剧孩子的情绪问题，并会恶化亲子关系。闹情绪的背后，一定都是有某些心理需求没有得到满足。下面，我们就儿童青少年在各个年龄阶段中语言的情绪特点来分析其背后的心理需求，并谈一谈如何避免孩子过度使用情绪化的语言。

婴儿期的情绪化语言习惯及心理分析

婴儿的情绪比较直接，开心了就笑，不高兴了就哭。在受挫时，哭闹就会无休无止，需要照料者用心安抚。孩子在一岁左右再度产生分离焦虑，直接照料者，尤其是母亲的离开会让他们情绪崩溃，大哭大闹，无法把家人的安慰和解释听进去。

很多妈妈在产假结束返岗上班时会经历这样撕心裂肺的场面。妈妈上班快迟到了，孩子还表现出奶没喝够或是情绪崩溃、要哄要抱的需求。他们哭得肝肠寸断，甚至吐奶，歇斯底里的样子让妈妈实在不忍心丢下他们。对，这就是他们哭闹的目的——想要留下妈妈。因为他们还不理解，妈妈出去了还会回来。他们以为妈妈离开家门，就消失不见了。

因此，妈妈离开孩子的时间要由短逐渐变长，尤其是在孩子的分离焦虑期，可以通过多次的练习，让孩子意识到，妈妈的爱和陪伴是长期的，不会因为出门上班而改变。

幼儿期的情绪化语言习惯及心理分析

4 岁的小冉在搭积木时，一不小心把积木弄倒了，他便开始哇哇大哭，说：“倒了，倒了，怎么办呀？”妈妈赶紧来安抚他，说：“没关系，我们可以再捡起来重新搭一次。这是非常简单的！”小冉哭得更大声了：“我不想重新搭一次，我不想重新搭一次，呜呜……”妈妈迅速地帮他将积木搭起来了，跟他说：“你看，不是很快就搭好了吗？为什么要哭呢？”小冉还是没有停止哭：“我就要哭！我就要哭！”然后一脚将妈妈刚搭好的积木踢翻了。

上面这个案例中，小冉说的每一句话都带有消极的情绪。首先积木倒了，他有点儿沮丧，所以哭喊。哭声引来了妈妈，小冉本想妈妈能安慰他一下，结果妈妈却说“这是非常简单的！”这对孩子来说其实是一个打击。孩子觉得很难的事情，被妈妈评价为“非常简单”，这让孩子再次受挫。妈妈显然没有观察到孩子情绪化语言背后的心理需求。紧接着，妈妈又犯了一个错误，她在孩子失败过后，亲自搭了积木，进一步证明了孩子的“无能”。小冉的情绪彻底爆发，大吵大闹，还一脚将积木踢翻。

青少年期的情绪化语言习惯及心理分析

青少年的情绪有着半成熟、半幼稚的矛盾特点，因此他们的情绪往往会表现出两个极端，而在情绪影响下的语言习惯也表现出两面性。

家庭教养好的青少年在日常生活中，往往性格温和，语言得体。然而一旦遇到突发事件或心理挫折，他们又突然变得性格暴躁，蛮横无理，拒人于千里之外。他们擅长掩饰自己的真实情绪，以伪装的情绪获得别人的认同。

原生家庭环境糟糕的青少年在日常生活中，可能会有两极分化的表现。他们要么表现得乖张跋扈，用骂骂咧咧的行为发泄自己对家庭的不满；要么表现得乖巧懂事，言语间透着小心翼翼、谨小慎微而将情绪隐藏在内心里。

要想养成不过度使用情绪化语言的好习惯，我们该怎么做

第一，情绪调节，有章可循。

研究表明，缺乏情绪调节能力的孩子更可能会对别人表现出对抗或攻击性的行为，因为他们难以平衡自己内心的冲动。随着年龄的增长，儿童青少年情绪调节的能力会逐步提高。家长可以

给予他们正确的指导，包括但不限于告诉他们在感到愤怒时深呼吸；在冲动下想做重要决定时，等待 72 小时；在想骂人时，及时替换有类似意思但是委婉得体的表达。

第二，不打不骂，共同解决。

在孩子使用情绪化语言时，不能粗暴地批评，或想着如何纠正他的“问题”。实际上，孩子的问题很可能是来自家长的问题。因此，我们要本着共同解决问题的思路去跟孩子沟通，一起想办法。我们可以在纸上写下情绪冲动时刻的心理活动，如“当时我感到喘不过气来”“当时我简直想去咬他”等。找到心里的感受，才能理解为何说话带着情绪，然后我们才能有针对性地调节情绪。

第三，换位思考，亲子互动。

孩子处在婴幼儿期时，还不能准确地表达自己的情绪。家长的共情会比较困难，因此家长不妨换位思考一下，替代性学习孩子的经历，想象孩子的感受，再与孩子沟通。在家里不妨多与孩子玩角色互换的游戏，让孩子扮演老师和家长，自己演孩子，看看孩子经历了什么，他眼中的父母和老师又是怎样的，这样我们就不难理解孩子的语言习惯从何而来了。

第四，创造环境，持之以恒。

我们在谈语言学习时，总是会提到“浸泡式的语言环境”，这是指学习语言就像海绵浸泡在水里一样，充分吸收水分。孩子在家庭、学校的语言氛围里，会养成这个环境所流行的语言习惯。因此，家长要不遗余力地为孩子创造好的语言环境，以身作则，说话温和有力度，不乱发脾气，在孩子情绪化时，有足够的包容心。

第七节　眼睛会说话：你的反馈决定了孩子的语言色彩

什么是语言色彩呢？语言色彩包括感情色彩、语体色彩和形象色彩。我们在本节中讨论的主要是语言的感情色彩。说话人的内心情感会通过自己的语言色彩表现出来，同时，语言色彩又会影响听话人的情绪。下面我们来看一个案例。

小明考试考得不好，妈妈生气地说："你真是太聪明了！这么简单的卷子你都能考砸，我觉得你简直是天才！"虽然妈妈使用了"聪明""天才"这样的褒义字眼，但是小明听出了嘲讽，因为妈妈是在褒词贬用。小明很伤心，感觉自己一无是处，自己丢脸，也让妈妈丢了脸。

语言中的感情色彩可以成为一把利刃，伤害自己最亲的人。小明的妈妈这种语言习惯是从小养成的，并非是故意用来打击孩子的，因为从小外公外婆对小明的妈妈使用的也是这样的打击教育。儿童青少年的语言色彩在养成习惯后会伴随孩子的一生，因此，养成积极的语言色彩，是我们父母、老师的重要职责。

下面，我们来分析儿童青少年在各个年龄阶段的语言色彩习惯及心理特点。

婴儿期的语言色彩习惯及心理分析

8 个月大的婴儿已经能够听懂大人的话语，结合动作、手势、表情，能够理解大人的意图。同时，他们也在努力地模仿大人的语气、语态、身体姿势、辅助手势等，最终习得大人的语言色彩习惯。

小迪是一个早产儿，妈妈很早就开始对着她微笑，并逐渐对着她说话，跟她说每一天的天气、妈妈的开心事、爸爸的收获以及小迪自己的成长。说这些话时，妈妈总是用一种开心的声调，脸上堆满笑容，用词积极，让人听来就觉得很惬意。小迪刚开始根本没有关注妈妈的语言，渐渐地，她开始注意到妈妈的嘴巴一张一合，接着，她的目光被妈妈的眼神所吸引。于小迪来说，妈妈的脸庞从一张模糊的影像变成了一种幸福的存在。不论她当天是否感到饥饿和寒冷，只要听到妈妈充满希望的声音，她就会表现出平静和满足。

到七八个月时，小迪已经能够喊“爸爸”“妈妈”了，最重要的是，不管她说什么，都能看得出来她的情绪很乐观。妈妈带她在外面玩，因为小迪的笑容，很多人都会主动给她和妈妈让座、提供帮助，小迪也总是会乐呵呵地回应一声“谢谢”。妈妈帮助小迪养成了积极的语言色彩习惯，这会让她终身受益。

幼儿期的语言色彩习惯及心理分析

很多老人带孩子都习惯扎堆聊天，他们聊着聊着，时而哈哈大笑，时而眉头紧锁，完全忘记了旁边还有个孩子。如果孩子哭闹抗议，他们会不耐烦地哄骗："不哭不哭，有什么好哭的，奶奶不是在这儿吗？又没走！"而全身心带孩子的父母也不多见，低头玩手机的现象很普遍。如果孩子跟大人报告，自己的玩法多么有趣，他们会敷衍地"嗯"一声，打发孩子去一边玩儿。一直低着头看手机的他们自然看不到孩子的失落，孩子可能乖巧地走开，独自闷闷不乐，也可能就地大闹，拽着大人的胳膊不肯放。

有位爷爷每次带孙子出来玩儿时，一双眼睛从未离开过孩子。孩子投篮时，他拍掌说投得好，孩子骑滑板车时，他叮嘱别骑太快，让让旁边的小弟弟。别的家长跟孩子聊天，他也关注着，必要时还要帮孙子赢点儿面子。这孩子性格外向活泼、对人有礼貌、乐于助人，与他爷爷给他积极的反馈是分不开的。

两种截然不同的反馈，给儿童青少年的心理带来了不同的影响。前者反馈会造成孩子语言上消极敷衍，后者反馈则会让孩子养成乐观主动的语言色彩习惯。

青少年期的语言色彩习惯及心理分析

前文中，我们提到了青少年的语言具有矛盾的两面。他们已经有了较高的语言认知水平、修辞水平，因此，他们的语言色彩更加丰富自然。

玲玲在中考前夕，被妈妈倒车时意外撞倒，虽然如期参加了中考，但是成绩远不如正常水平，与她梦想的省示范高中失之交臂。妈妈愧疚地跟她道歉，她冷冷地说："道歉能给我加 30 分吗？”爸爸跟她商量，要不要去梦想的高中借读，或者读个国际班以“弯道超车”，她鄙夷地说：“你以为有钱就能买到一切吗？”初中班主任安慰她说：“以你目前的成绩，上个市重点高中还是有希望的，别灰心，站起来，重新开始！”可是她阴阳怪气地说：“这是在可怜我吗？好歹还有个地方收留我这种垃圾！”

玲玲的语言里充满了痛苦和绝望，以至于不能正确理解父母和老师的良言。显然，在父母和老师看来，玲玲并没有到走投无路的地步，她仍然可以进入市重点高中，或是读省重点高中的国际班，照样可以完成上名牌大学的梦想。可是，他们忽略了一点，那就是少女的梦想。玲玲的梦想是先上省示范高中，然后上名牌大学。这不是什么“弯道超车”“曲线救国”的说辞可以轻易抹去的。更何况，父母和老师平时不也一直说要坚守初心吗？玲玲的冷嘲热讽将父母和老师拒之门外，也就更加缺乏沟通倾诉的对象，玲玲越想越绝望，每一次冷漠绝望的语言，都会加深她内心的痛。

语言色彩可以给人带来快乐，也可以让自己深陷泥潭，越挣扎陷得越深。养成积极的语言色彩习惯，可以提高生活的幸福感。

要想养成积极的语言习惯，我们该怎么做

第一，从小培养孩子热爱阅读的习惯，在选择读物时，要引导孩子选择正能量的文学作品。市面上很多“非主流”小说，充斥着绝望、不平、厌世的情感色彩，要避免与孩子接触。我们小时候读过《钢铁是怎样炼成的》，保尔·柯察金逆境求生的精神

对我们触动很大，以至于几十年后想起来，犹如一盏明灯照亮着人生之路。有些所谓的文学作品，剧情动辄有关自杀、危险、绝食等，就要注意甄别。

第二，注重情感引导，达到亲子共鸣。在儿童期，情感引导能起到较好、较快的沟通效果，然而在青少年期，情感引导的方法似乎没有那么容易奏效。这是为什么呢？究其原因，还是父母或老师的目的性太强，被孩子敏感地捕捉到了他们言语背后的用意，结果造成新的逆反。其实在青少年期，要想与孩子达到情感共鸣，最重要的是少说多做，用自己的正能量行动来感染孩子，用默默的支持给孩子安全感。

第三，做终身学习者。不论是大人还是儿童青少年，都会有因为他人的语言而胸闷气堵时。只有不断学习调节情绪的方法，不断提高自身驾驭语言的能力，才能应对这些突如其来的语言伤害。

第四章

学习习惯篇：好习惯让你事半功倍

第一节　玩手机：手机不是洪水猛兽

随着现代科技的发展，发达的网络和频繁更新换代的手机都是摆在我们眼前的“诱惑”。以学习之名，儿童青少年开始拥有手机的年龄越来越小。手机成瘾的孩子仿佛成了社会的一道“伤疤”。我们有多少次听到有儿童因为玩手机，与家长发生矛盾，进而发生悲剧的新闻?

关于孩子使用手机的问题，研究表明，手机成瘾的孩子中，有 90%都来自教育方法有问题的家庭。他们当中的大多数人表示自己无法与父母沟通。而父母则认为孩子对手机的痴迷让人无法理解，甚至对此异常愤怒。事实上，手机不是洪水猛兽，关键在于父母如何指导孩子正确地使用手机。从婴幼儿期的绘本故事到青少年常用的学习应用，手机上有丰富的学习资源，这是为什么父母会提供手机给孩子。而从孩子的角度来看，手机上有游戏，有设计软件，有娱乐视频，这些都是让他们放松的好方式，于是他们渐渐离不开手机了。

下面，我们来探讨儿童青少年在学习过程中如何养成正确使用手机的好习惯。

婴儿期的正确使用手机习惯及心理分析

很多父母抱着不让孩子输在起跑线上的心态，在孩子还没有学会说话之前，就开始给他们看平板电脑或手机上的动画片、音乐短片等，甚至让孩子用手点击屏幕。孩子看到屏幕颜色的变化，经常会发出笑声，父母认为这是一种新型的学习方式。

当孩子到了 8 个月，开始会一些叠词，有些父母就安排了在线的早教课程，让孩子跟着手机屏幕另一端的老师练习说话、唱歌，甚至说英语。大部分孩子对这些是不感兴趣的，而作为交换条件，在完成课程之后，他们会获得自由玩手机的时间。有些父母，尤其是祖辈带孩子外出散步的，他们自顾自地走路，婴儿车上的孩子手里拿着手机，看着动画片，不吵不闹，倒是一派祥和的景象。

婴儿期抱着手机长大的孩子，接下来的人生可能很难离开手机。他们已经习惯了学习要找手机，玩耍要找手机，手机就仿佛是他们面部的第六器官。而现在主动给孩子提供手机、哄孩子在手机上学习的父母，将来可能会阻止孩子使用手机。盲目地追捧线上学习，不顾保护婴儿的视力，可能会让孩子父母付出惨痛的代价。

幼儿期的正确使用手机习惯及心理分析

很多父母忙于工作，没有时间陪伴幼儿期的孩子，就会给孩子扔一部手机或者平板电脑，让他们在手机上看看动画片、小视频，或是看看绘本、识字软件里的教程。这个阶段提供手机给孩子的父母分为两类：一类是没空搭理孩子，用手机换取自身的自由，孩子玩手机时，不会来打扰自己加班或休息。这一类父母，可以用不称职来形容，他们没有与孩子深度交流，没有帮助孩子管理时间，反而逐步地将孩子拉入一个手机成瘾的深渊。另一类是以手机为媒介，安排孩子学习识字、发散思维、练习英语等。只要时间管理得当，养成健康用眼的习惯，并保证充足的户外锻炼和纸质书籍阅读的习惯，手机对这些孩子来说，就仅仅是生活中的一小部分，是可替代的学习工具。

青少年期的正确使用手机习惯及心理分析

手机对青少年来说，用途更加广泛，如学习、娱乐、交友、游戏等活动，都可以用手机上的很多吸引人的应用软件来进行。网络课程快捷便利，学生足不出户，就可以享受到全球各地的优质教学资源，越来越受到人们的追捧。影视资源通过设置会员制度，将热门电视剧、电影和综艺节目等炒得火热，青少年又有着较明显的从众心理，因此一个热门节目流行起来，即便躲在被窝里也要看完，否则第二天就没有谈资。从国内的腾讯 QQ、微信、微博，到国外的脸书，以及各种论坛，青少年的交友范围越来越没有边界。

大人看到孩子将手机的功能发挥得“淋漓尽致”时，不免感叹，“哪来那么多心思捣鼓手机呢？”是的，青少年的心思是最让人捉摸不透的，但是他们关上房门，拒绝沟通却是有原因的。

首先是情感的隔阂。青少年认为父母眼里只有成绩，他们看不到或不重视自己的烦恼和困惑，因此他们渴望得到理解。既然在现实生活中无法实现这一愿望，那么就只能在网络世界中去寻找“知心人”。

其次是时间管理的漏洞。青少年的自控力还不成熟，时间管理能力还较差。有些家长就只是在发现孩子沉迷于手机时生硬地将手机收走，这会加重孩子的逆反心理，使他们在家长看不见的地方变本加厉地玩手机。

过度使用手机的危害是一目了然的，如学习成绩下降、注意力受损、家庭情感交流缺失等。因此，引导孩子正确管理手机是一件刻不容缓的大事。

要想养成不沉迷于手机的好习惯，我们该怎么做

第一，加强情感沟通。家庭是社会的纽带，孩子的社交能力是家庭培养出来的。父母要多花时间与孩子相处，在他们需要倾诉时耐心倾听而不是居高临下地评判。家庭的温暖能够逐渐将沉迷于手机的孩子从虚拟世界拉回到现实生活中。有研究表明，从虚拟世界中走出来的孩子通常会感到失落和愧疚，感觉自己浪费了很多时间，但是他们不会说出来。因此，家长大可不必在这时跟孩子翻旧账，提醒他们浪费过多少时间。

第二，教给孩子管理时间的技能。孩子在幼儿期，家长限制孩子玩手机，甚至不给孩子碰手机，短时间内是奏效的。但是当孩子进入青春期，他们压抑许久的玩手机的欲望会爆发，

这时家长再想强行压制就不起作用了。因此，我们要培养孩子管理时间的技能，减少不必要的上网时间。只有当孩子自己认识到时间如何支配最有意义，并追求这种价值观时，才能避开沉迷于手机的大坑。

第三，多组织户外活动、科研活动等，满足孩子的好奇心。孩子无法放下手机，不单是因为心里空虚，还有探索外部世界的好奇心。现在越来越多的家庭将孩子关在家里学习，学校和家两点一线的生活让孩子的好奇心得不到满足，因此，他们只能走进虚拟世界去寻找新鲜事物。家庭旅行、探访科技馆、去社区服务中心当志愿者等活动都可以满足孩子的好奇心。

第二节　早教谁来教：不输在起跑线上的口号

为了让孩子不输在起跑线上，很多新手妈妈在孩子出生前就预订了早教班。等孩子学会了独立行走，各种兴趣班、学习班的宣传页就如雪花般纷纷飞到了家门口。据统计，城市的幼儿平均每人报 4 个辅导班，而到了青少年阶段，这个数字可能会达到 7 个。仿佛只要想让孩子学点儿东西，我们首先想到的就是去报班。而报班也是一门大学问，报得科学，可能起到助力作用，而报得不恰当，则可能会适得其反。

下面，我们将从儿童青少年成长的各个年龄阶段来具体分析“不输在起跑线上”这个口号给孩子带来了怎样的影响，以及探讨要想养成好的家庭教养习惯，我们该怎么做。

婴儿期的早教习惯及心理分析

朋友圈里有人发两三个月大的孩子学英语的视频，老师一边说着“fly，fly（飞行）”，一边将孩子的胳膊来回摆动着，做出挥舞双臂的样子。我不禁有疑问了，两三个月大的孩子知道什么是飞行吗？如果不知道，那么挥舞双臂和 fly（飞行）之间能建立联系吗？这显然不是有效的早教课。早教应该由谁来教？教什么？这是亟待弄清楚的问题。

3岁以下的孩子还没有形成逻辑思维，他们只是机械记忆大人重复过的内容，因此，没有必要对婴儿期的孩子传授所谓的“知识”。如数数，他们可能会机械地按顺序从1数到10，但是他们并不理解为什么1后面是2，2后面是3。因此，没有必要过早地教孩子这些超出能力范围的知识。

婴儿期早教的主要任务是锻炼孩子的身体和培养孩子的好性格。爬行训练可以锻炼孩子的腿部肌肉，增强手臂力量，亲子对话有助于孩子的语言发育，节奏鲜明的音乐能培养孩子的韵律感，游戏互动能帮助孩子培养空间知觉。早教班的另一个功能是孩子们之间的交流。同龄人之间有自己的交流方式，经常和别的孩子一起玩的孩子性格更开朗。孩子们之间互相抢玩具会让孩子体验挫折，学会坚强。

婴儿期早教要避开的雷区也有很多。比如，为了完成早教课，叫醒还在熟睡的孩子；为了全方位培养孩子的才能，将早教课排满一整天；还有带着功利心送孩子去早教班。这些都是不可取的。

幼儿期的早教习惯及心理分析

幼儿的思维发展开始逐渐从形象思维过渡到抽象思维了。这个过渡所需的时间因人而异，有的孩子在幼儿园大班时已经能很好地进行一定的抽象思维，而有的孩子到了小学三年级，还对逻辑运算一窍不通。

小辉的父母为了让他提前适应小学的学习，在幼儿园中班时就给他报名了幼小衔接班。每天放学后，小辉就被送去幼小衔接班练习写拼音、算加减法。小辉觉得痛苦极了，他觉得自己怎么也写不好那些拼音，他经常将拼音跟英语辅导班老师教的英语弄混淆。而算术更是让他头疼，小辉早已会数到 100，现在父母再让他当着亲朋好友的面数数，他就会本能地拒绝。本来活泼好动的孩子，上了一个月幼小衔接班之后，每天放学后就开始低着头走路，有时还经常尿湿裤子。

小辉的父母显然是忽略了孩子思维发展的特点，在孩子处于形象思维期间强行灌输抽象思维知识。这只会打击孩子的自信心，消磨掉孩子的学习兴趣，对孩子的心理造成伤害。而那些强行灌输的知识，由于不被理解，很快会被忘记。真的是得不偿失！其实在幼儿期，如果家长一定要给孩子报班，可以选择孩子喜欢的舞蹈班、积木班、口才与演讲班之类的兴趣班，让孩子寓教于乐，没有任务和压力，只是单纯地培养兴趣爱好。

青少年期的早教习惯及心理分析

通常，小时候学写字都要单独报个辅导班的孩子，长大后，都需要配上课外补习班。这是为什么呢？难道是说成绩差的孩子，一直都会成绩差吗？并非如此。事实上，从小用辅导班“喂大”的孩子里也有成绩不错的，问题在于报辅导班体现了家长的焦虑情绪，让孩子养成了被动的学习习惯。

首先来说说家长的焦虑情绪。很多家长在孩子一次考试不理想时，就急得团团转，自己又使不上劲，只能赶紧找辅导班，希望有一个地方如广告所说，能够改变自家孩子的学习习惯，让孩子由“学渣”变成学霸。

然而，孩子被动的学习习惯当真是这么容易改掉的吗？显然没有那么容易。如果你从第一章读到这里，你应该已经很清楚一个好习惯的培养需要社会、学校、家长和儿童青少年的共同努力。青少年的主动性是必要条件之一。遇到问题，家长没有冷静分析问题产生的根源，而是粗暴地送孩子去补课，其结果可想而知。

相反，如果青少年本人意识到自身知识体系有待弥补，自学时间又来不及，主动要求报班，那么家长可以帮助选择师资，选择合适的辅导班帮助孩子做好查漏补缺。

要想养成理智报班的好习惯，我们该怎么做

第一，尊重心理发展规律。每一朵花都有自己的花期，每个孩子都有自己的成长节奏。我们不能因为“别人家孩子”不同寻常的才华，而将自己的孩子送进所谓的“梦工厂”。揠苗助长和“伤仲永”的故事我们都听了很多，但仍然有父母不甘平凡，想要“缔造神话”。那么，我建议这些父母从基础出发，将现阶段孩子喜欢的事情做到极致。比如，孩子喜欢跳舞，那就陪他玩跳舞，将跳舞练习到一定程度。有些孩子喜欢悠悠球，那也可以通过学习和练习，将孩子培养成悠悠球专家。只要他们愿意玩，愿意深究这些游戏背后的技巧。不要强迫爱跳舞的孩子去学画画，不要强迫喜欢玩悠悠球的学生去学游泳。

第二，充分发挥主动性。当孩子想学什么技能时，我们首先要分析，这个技能是否只能通过报班学习？报班与不报班学习于孩子的学习效果来说，有什么区别？我们会发现报班学习可能会有一定的系统性，缺点是班级学生的水平参差不齐，而单独辅导的费用又太高。不报班学习则需要家长主导，带着孩子查找资料、书籍、视频，或其他网络资源，让孩子通过模仿学习，也可以说是自学。自学的优点在于充分发挥了孩子的主动性，满足了他们探索世界的好奇心；不足之处是可能会存在一些知识死角，需要在时间的验证下逐渐完善。

第三，善于总结与反思。报过班之后，如果孩子取得了进步，我们就要关注方法论。试着思考以下问题：老师是用什么方法教会了孩子这些内容？我们有可能自己在家里学会吗？或者，我们有可能通过同伴教育学会吗？只有这样，我们才能避免以后事事报班，将学习的主动权还给孩子自己。

第三节　高效课堂：思维导图为什么这么火

思维导图，是一种将思维形象化的方法，它通过运用图文并重的技巧，把各级主题的关系用隶属于相关的层级图表现出来，把主题关键词和图像、颜色等建立记忆链接。思维导图充分运用大脑的左右半脑的机能，利用记忆、阅读、思维的规律，协调人们在艺术与科学，想象与逻辑之间的平衡发展，从而将人类大脑的无限潜能开发出来。

说得简单一些，思维导图就是将人大脑里思考的过程用图表的形式表达出来。儿童青少年在思维导图的学习中则是相反的过程，他们是通过思维导图的图表，将形象化的信息内化为抽象化的思维。大人听起来都有些云里雾里的思维导图，该如何从孩子抓起呢？

婴儿期的思维导图学习习惯及心理分析

小明才 6 个月大时，奶奶就带他看有各种颜色和各种图形的卡片。看了一段时间之后，奶奶又开始给他看同颜色或同形状的实物，如红色的卡片旁边放一个红苹果，圆形的卡片旁边放一个乒乓球。等孩子稍微大一点儿，可以带到小区里去散步时，奶奶又开始教孩子认识树叶，认颜色时，会先指出绿色的树叶，然后再在孩子的衣服上寻找绿色，识别成功时，孩子总是露出笑容。等孩子再大一些，他们会通过口头的表达，总结绿色的东西里面能吃的有哪些，不能吃的有哪些。

这些活动的本质其实就是思维导图。通过反复形象地呈现信息，比如，颜色、形状，帮助孩子记忆。而当孩子的大脑已经储备了一定的信息之后，再通过分类总结，如“能吃的”和“不能吃的”，对大量的信息进行归类存储，继而变成长时记忆。不得不说，通过思维导图的方法，小明的信息整理能力有了进步，记忆力方面也表现出了一些优势。

幼儿期的思维导图学习习惯及心理分析

前面，我们谈到了家长通过思维导图来帮助婴儿加强记忆。这个过程其实是无形的，奶奶没有给小明刻意画个图形，展示实物的形状和卡片内容之间的联系。因为这个时期的婴儿还不能动手画图，也看不懂抽象的图表。

到了幼儿期，经过在幼儿园的学习，很多幼儿已经具备了简单的作画能力。因此，他们有能力自己画出简单的思维导图。

小齐的幼儿园每个星期都会发一份营养食谱，涵盖了每一天的三餐三点。为了记住每天都有哪些好吃的，小齐就在家里的冰箱上歪歪扭扭地画下了早、中、晚吃的食物，而在早、中、晚餐的空隙，还补充了上午课间的水果、午饭后的饮品和下午课间的点心。他的画功还很稚嫩，因此经常只有他自己能看懂明天吃什么。但是，有了这个自制的图表后，他再也不需要问：“妈妈，明天在幼儿园吃什么？”

平常我们读完绘本，孩子喜欢用自己的方式画个图把故事再现出来，但他加入了自己的理解，等于是再创造，他会告诉我们，如果改变了其中一个故事的前提条件，故事主角会有什么不一样的遭遇。这些都是思维导图带给他的思考和收获。

青少年期的思维导图学习习惯及心理分析

婴幼儿用思维导图在学习上小试牛刀之后，会意识到拥有好的学习习惯往往能事半功倍。青少年的学习任务非常繁重，他们往往觉得时间不够用。学习的内容多，需要灵活运用的知识点更多，因此也就亟须用思维导图来整合知识点。

小文总能在繁忙的考试季挤出时间去打球，同学问他：“历史背完了吗？英语单词记住了吗？往年的试卷都做完了吗？”小文轻松地说：“我用思维导图将每门课都做了一个知识体系，因此记得更牢。”每门课的知识体系犹如一棵大树，有树干、树枝和树叶。每片树叶犹如独立的知识点，我们可以顺着每根树枝去捋顺所有的树叶。这难道不比将所有的树叶扯下来放在同一个篮筐里要更好认、更好记吗？

思维导图能帮助青少年整理知识点，建立知识体系，加深对知识的理解和记忆。但是我们常常会陷入一个误区，有些青少年因为懒惰，自己没有整理知识点，习惯做“伸手党”，直接把别人整理的思维导图复印一份拿来背诵记忆。这种走捷径的心理是要不得的，要知道思维导图是先有思维，后有导图，再根据导图整合思维。这是一个完整的元认知过程（即对自己内部认知活动过程的认知，以及对此所做的了解和调控），带有一定的个体差异。复制别人的思维导图，其实是一知半解的，主要依靠死记硬背，效果自然大打折扣。

要想养成好的思维习惯，我们该怎么做

要想养成好的学习习惯，善用思维导图，我们要从小开始就养成独立思考的好习惯，培养书面表达能力。对此，我有以下几点建议。

第一，明确儿童青少年在学习过程中的主体地位。心理学上，建构主义学习理论认为，学习者在接受知识的同时，还需要主动建构对这些知识的理解。只有经过这一生成过程，知识才能获得具体的意义，已有的知识才能在其后来的学习中发挥作用。因此，父母和老师需要关注儿童青少年的学习主动性，重视他们自身的领悟、理解和推理在学习中的重要作用。

第二，教给儿童青少年元认知策略。心理学家维特洛克通过大量实验研究发现，在学习过程中，每个学生所采取的元认知策略是不同的。因此，在进行思维导图时，同一个班级的同学可能会画出不一样的思维导图。父母和老师要教会儿童青少年如何进行元认知，以及在不同的情景中应采用哪种元认知策略。

第三，善用知识迁移。美国学者罗耶提出，人类是以一种系统的方式储存和提取信息，而知识结构的体系并非一成不变。因此，领会是学习迁移的必要条件。领会是什么意思呢？其实就是

我们所说的理解。在理解的基础上，儿童青少年使用思维导图将知识点的记忆脉络形象地画出来，结合实际的范例，能更好地整合记忆知识点。如果没有领会知识内容，只是机械地背诵知识点，则会导致学习效率低下。

第四节　提问与讨论：提问让你理解得更深入

在课堂上，很多时候老师问学生："你们有什么问题吗？"学生的表情往往都是一脸茫然，不知道该提什么问题。不提问题，并不代表知识点都理解了。恰恰相反，发现问题、提出问题，才是真正的学习。带着问题去思考，与老师、同伴讨论问题，才能让学生深入地理解知识点，系统性地牢记知识点。如果学生对于某个学习知识点没有任何见解，不是因为自己头脑中存在认知"裂缝"而产生求知欲望、提出问题时，那么他的学习仅仅是一种程序，而不是自主的、自觉的学习。

提问实际上是一种批判性的思维过程，是学习过程中必不可少的部分。要想孩子拥有善于提问的好习惯，我们要从婴幼儿期就开始培养。下面，我们来具体分析在儿童青少年成长的各个年龄阶段该如何养成爱提问的好习惯。

婴儿期的提问习惯及心理分析

前几天，我去参加了一位友人的生日派对。派对上，有一个刚满一岁的婴儿，她对派对上的一切都感到好奇，圆圆的眼睛里写满了疑问。她的父母看到她一脸紧张的表情，以为她被这个场面给吓到了。当我指着蛋糕向她介绍这是一个生日聚会时，她开始被我的声音所吸引，看到我拍手唱生日歌时，她似乎懂了这一大屋子人到底在干什么，面部表情逐渐放松了下来。

婴儿的脑海里装着很多问题，但是他们还不能用语言完整地提问。因此，他们可能皱眉或做出吃惊的表情，甚至是啼哭来表达他们的不理解。很多父母会忽视婴儿所提出的问题，读不懂他们的疑问，或是不在乎他们的困惑。父母的忽视对孩子的伤害很大，影响深远。在孩子大一些之后，有些父母问孩子问题时，孩子也爱搭不理的。父母还不明白为什么孩子不回答，其实根源就在自己身上，孩子只是模仿了大人对别人的问题熟视无睹的做法。

婴儿的提问如果得到了父母积极的回应，他们则会更踊跃地去探索世界、观察身边的事物、发现更多的问题。这些思维活动会促进婴儿的大脑发育，有父母积极回应的婴儿往往表现得更聪慧。

幼儿期的提问习惯及心理分析

大多数孩子到了幼儿期，都会变身“好奇宝宝”，脑袋里装着“十万个为什么”。从火箭为什么能发射升空，到自己今天为什么要穿这件衣服，他们总是追着爸爸妈妈问各种各样的问题。面对孩子的提问，父母毕竟不是百科全书，很多时候答不上来；有时即便给出了回答，又会引出孩子的新问题，实在难以招架。

孩子对什么事情都感到新鲜，这样的新鲜感能鼓励孩子的好奇心，激发孩子想要探索答案的学习动力。除了对自己亲眼所见的东西感到好奇，想象力丰富的孩子儿还会对未知的世界充满疑问。火箭升空之后会不会在路上碰到坏人呢？明明天空是蓝色的，为什么下雨时就变成灰色的呢？不同的问题，体现出孩子在思考能力和想象力上的差异。想象力丰富的孩子容易从普通的事物里看出不一样的新鲜事物，产生不一样的想法，他们会打破生活的常规，发现那些“为什么”。

在面对孩子的提问时，父母的态度和回答会影响孩子的好奇心与想象力。如果每一次孩子问父母，父母都很敷衍并且不愿意搭理孩子的话，那么孩子很容易因此而丧失兴趣，渐渐地不喜欢思考了。

但是如果父母积极地回应孩子，与孩子进行有意义的交流，那么孩子的想象力、思考能力、逻辑思维能力都可以得到有效的锻炼，这是截然不同的结果。

青少年期的提问习惯及心理分析

前文中，我们多次提到过青少年的一大心理特点是自我封闭。他们回家后第一件事情是关上房门，让自己躲进一个没有人“打扰”的地方。他们还有一大心理特点，那就是要面子。为了不丢面子，他们有什么问题也不会轻易说出口，因为他们担心自己提的问题太愚蠢，会遭到老师或同伴的嘲笑。不提问题，不代表他们心中没有疑问。恰恰相反的是，青少年正处于批判性思维高速发展的时期，他们对一切事物都有自己的看法，当他们的看法与传统的观念不同时，就会产生各种疑问。

小华是一名爱提问的中学生，然而他的提问并不“受人待见”。这是为什么呢？原来，小华习惯跟老师“唱反调”，老师说下周一进行单元测试，小华就会问：“为什么不是这个周五考？过完一个周末，知识点都记不清了。”小华提的问题，总会引起班级里一片起哄，也让老师有点儿哭笑不得。为了不打击他的“提问精神”，老师反问班上的其他同学：“大家觉得周五考合适，还是下周一考更合适呢？请你们谈谈自己的想法吧。”于是大家七嘴八舌地议论，大部分同学认为多个周末还可以多一些时间复习，能够更好地迎接考试。依据少数服从多数的原则，老师最终决定按原计划考试，小华也欣然接受了。由此可见，面对儿童青少年的“为什么”，父母或老师的正确引导很重要。

要想养成好的提问习惯，我们该怎么做

第一，要学会反问。

有时，孩子提的问题，在父母看来是一件非常普通并且没有讨论意义的问题。可是，这在孩子的眼里却是很值得探究的未知，这样的未知能够驱使一个孩子去探索世界。所以，当父母觉得孩子的问题很幼稚时，可以反问孩子这个问题，让孩子去思考。在孩子思考后给出答案时，父母要肯定孩子思考的结果，并鼓励他们在恰当的思路上继续探索。获得父母肯定的孩子往往表现出更强的自信心。

第二，跟孩子一起寻找答案。

在孩子看来，父母是无所不能的象征，而事实上，我们做父母的心里很清楚，很多问题我们也回答不了，毕竟自己不是百科

全书。这时，我们该怎么跟孩子说呢？首先，我们要诚实地面对自己不懂的问题，切忌不懂装懂，胡乱解答。其次，要带着孩子一起寻找答案。虽然我们不知道确切的答案，但是我们能教给孩子寻找答案的方法，也可以和孩子一起探索未知的世界。这一方面能增进亲子之间的感情；另一方面也用言传身教让孩子学会了对待新问题的态度和方法。对孩子诚实的家长，更容易收获信任自己的孩子！

第三，听问题，观心理。

当孩子提出一些奇怪的问题时，不要急于回答。不妨鼓励他继续往下说，听听他的想法。透过孩子脑海中的问题，我们可以发现孩子对什么感兴趣，以及触发他们感兴趣的点，也就能更好地理解孩子的思维方式和心理状态。

第四，要教会孩子提问。

面对不爱提问的孩子，我们该怎么办呢？首先，我们可以通过游戏的方式亲自示范如何提问。其次，我们可以用角色扮演的方式，让孩子转述别人已经提出的问题，练习提问的技巧。最后，给孩子大量的实践机会，让孩子在实际场景中反复练习，强化问题意识，锻炼语言表达能力，反思得到的答案，让提问习惯成为孩子思维发展的助推器。

第五节 家长代劳作业：自我效能感低

当父母的都知道，现在孩子的作业简直就是全家的头等大事。跟以往学生拿个小本本记下当天作业不同的是，现在很多学校会将学生的作业任务发到家长的手机上，要求家长监督和批改。其实，这么做，可能阻碍了孩子的成长，因为家长代劳的作业无异于帮助孩子作弊，孩子会认为作业不是自己的责任，而且让写作业变成一件非常痛苦的事情。

美国著名心理学家班杜拉于 20 世纪 70 年代提出自我效能感的概念，即个体对自己是否有能力完成某一行为所进行的推测与判断。长期由家长辅导作业的孩子，凡事喜欢依靠别人，不愿意独立思考与探索新知，害怕犯错，自我效能感很低。而独立完成作业的孩子，则对自己的认知更准确，对自己能做的事情更有信心，表现出更高的自我效能感。要想培养出一个高自我效能感的孩子，我们要注重儿童青少年在成长过程中各个关键期的习惯培养。

婴儿期的代劳习惯及心理分析

8 个月大的小果还不会拿餐具，但是他很想学着大人的样子自己吃饭。每次看到奶奶准备食物时，他总是兴奋地手舞足蹈，想要直接用手来抓面条、水果之类的食物。奶奶看到，赶紧大声呵斥："别动，宝宝！你会把面弄撒的！""别动，宝宝！你还太小了，让奶奶喂！"渐渐地，小果不再伸手去抓食物了，到了吃饭的时间，他总是玩玩具，对奶奶用勺子送到嘴边的食物，也漫不经心地吃，有时还满屋子跑，让奶奶在后面追着喂。

从小穿衣、吃饭都由家长代劳的孩子，长大后，能自己做的事情，也会期待着由家长来代劳。因为他们担心自己会把事情搞砸，导致大人责怪。而从小在"鼓励式教育"下长大的他们，不愿意面对批评，批评几乎是对他们整个人的否定，会夺走大人全部的爱。

幼儿期的代劳习惯及心理分析

幼儿期是很多好习惯养成的关键期。进入幼儿园之后，幼儿开始习惯与父母分离，以独立个体的身份参与活动。在学校里，吃饭和睡觉都是"必修课"，学校还会设计很多培养学生动手能力的游戏，来刺激幼儿小动作的发展。

小果上了幼儿园，有一天，饭菜端上桌子之后，其他小朋友都自己吃饭了，老师发现小果却两手放在下面，完全没有要自己吃饭的意思。

老师问他："为什么不吃呀？"

他说："我不会。"

老师耐心地说："那我教你好吗？"

小果将信将疑地点头。在老师的协助下，小果拿起了勺子，总算把饭菜吃完了。放学后，老师给小果的家长打电话说明他在幼儿园的表现，并提醒家长在家要让孩子独立吃饭。然而，小果回到家之后，又变成了老样子。他的理由很直接："我自己吃太累了，你喂我不是好一些吗？"

小果的妈妈意识到问题的严重性，赶紧跟奶奶沟通，从现在开始培养孩子独立自主的能力还来得及，她们很快制定了策略，即先教3次正确就餐的方法，如果孩子闹情绪不配合，就给他留饭，等他情绪平稳再继续练习独立吃饭。如果孩子无休止地闹情绪，则饿他3次。

在全家齐心协力的努力下，小果很快学会了自己吃饭，并且会非常严格地监督全家人就餐。小果的家人抓住了习惯养成的关键期，幼儿园后期的一些手工作业都是小果独立完成的，虽然明显不如父母代劳的作业，但是小果很高兴，因为在他看来，自己的作业是独一无二的。

青少年期的代劳习惯及心理分析

很多地区的学校，从一年级开始，家长就被要求批改孩子的作业，有错题还得举一反三地给孩子补课。如果家长不照做，老师就在班级群里公开批评。于是，家长心里就有疑问了：老师不批改作业，怎么知道孩子哪里错得多？哪些知识点没吃透？现在的家长真的很难做，以至于带着一股怨气辅导孩子写作业时，争吵在所难免。原本是父母与子女的关系，现在又演变成了师生关系，角色的转换让双方都疲惫不堪。

然而，父母盯得越严，孩子就越不细心，各种小错误层出不穷。家长一边批改一边发牢骚，孩子则一边写一边开小差。家长的心理很容易理解，他们经过一天忙碌的工作后，晚上已经身心俱疲了，可是还得强打精神来管孩子的学习，遇到孩子屡教不改的问题，能不发火吗？家长的委屈很容易被一件小事引爆，进而上升成一阵歇斯底里的语言暴力。而孩子的心思也不难猜，既然写完作业后有人检查，那么我现在玩一玩怎么了？反正写完作业后不也还要练琴的吗？对他来说，作业主要是父母的任务，自己只是配合完成而已。

孩子缺乏责任心，是由于家长忽视了培养孩子自主完成作业的关键期。现在没有速成的方法，必须回到初始点，重新培养孩子的作业习惯。家长要转变观念，不能直接把孩子的作业揽到自己身上。学校要求家长辅导作业的情况，我们的职责是监督孩子有没有完成作业，对错与否要孩子自己负责。

要想养成独立自主的好习惯，我们该怎么做

第一，教给孩子责任观。

要让孩子懂得并欣然接受，每个家庭成员都有自己的职责，只有每个人都履行好自己的职责，家庭才能快乐运转。除了自己的事情自己做，孩子还应当分担力所能及的家务，如帮大人倒垃圾、遛狗等。当孩子有了自己专属的家务活动，他会逐渐养成家庭小主人的心态。

第二，不要迷恋严格的育儿标准。

所有的育儿标准都是育儿专家个人的理解，并不适用于所有的亲子关系。父母对孩子付出再多都是值得的，然而，有个前提不能忽视，那就是付出的方式要有利于孩子的发展。网络上的很多全能型爸爸或妈妈，的确惹人羡慕。但是落到实处，在自己的家庭里，要根据实际情景来调整自己的投入。我们要培养的不是神童、天才，我们想要的只是健康快乐、积极好学的孩子，难道不是吗？为此，我一直坚信缺点是完美的一部分。适度的帮助、恰当的促进，有助于孩子往前走；生拉硬拽，只会让孩子就地耍赖。

第三，关注孩子的作业习惯，及时肯定做得好的方面。

心理学家班杜拉等人通过研究指出，个体自身行为的成败经验、替代经验、言语劝说、情绪唤醒和情景条件都会影响自我效能感的水平。父母通过观察孩子作业的难度、付出努力的程度、接受外界帮助的范围，以及班级整体的水平来认知孩子的进步，并将自己看到的进步告诉孩子，提出表扬。努力进取后获得表扬的孩子自我效能感会上升，对自己的期望也会变高。

第四，坚持独立完成作业的好习惯，提高自我效能感。

自我效能感会影响儿童青少年的思维模式和情感反应模式，进而影响他们成年之后的行为表现。自我效能感高的人，遇到问题时能冷静理智地处理，乐于迎接有紧急情况的挑战，能够控制自己的情绪和行为。而自我效能感低的人会表现出在人际关系上畏缩不前，在面对失败和挫折时情绪化处理问题，在压力面前束手无策。

第六节　补习班：补习真的有营养吗

在城市里，现在似乎很难找到一位从小到大没补过课的孩子。即使是在县城里、乡镇上，也总能看到补习班的身影。成绩好的孩子补课叫培优，成绩中等的孩子补课叫拔高，成绩差的孩子补课叫补缺、补差。不仅中小学生补课，幼儿园的孩子们放学后也有补习班，如画画班、唱歌班、游戏班、思维训练班等。补课的开销是一笔不小的费用，而且为了给孩子补课，家长的接送工作更为艰巨。比接送工作更加令人头疼的是在五花八门的补习班里选择适合孩子的机构。当然，本节不是来分析如何选择补习班的，只是想要思考和探讨：为什么大家都在补课呢？关于补课，儿童青少年在各个年龄阶段都有不同的心理状态。

婴儿期的补课习惯及心理分析

很多早教班以“潜能开发”为噱头，给孩子灌输他们完全不能理解的知识，其实这正是一种“拔高型”补课。还有一些家长，因为孩子迟迟没有学会自己吃饭，也将孩子送去上行为训练的早教课，让“专业的老师”教孩子如何拿勺子、如何自己吃饭。几乎从吃饭到睡觉，从说话到走路，都有相应的补习班来“为孩子的成长开路”。

有些孩子的小动作发展得比较迟，因此拿勺子的抓握能力还需要练习。有些家庭习惯了喂孩子吃饭，没有给孩子足够的锻炼。如果别人家同月份的孩子已经会自己拿勺子吃饭了，你家的孩子还在靠大人喂，你一定就会焦虑，会担忧这孩子是不是什么事情都比别人“慢半拍”，是不是要想办法及时改正这个问题，以免将来事事都比别人慢。于是，你会留意到身边很多早教班的广告，他们都在声称，只要把孩子送过去，你就会收获一名能力超强的“神童”。你心动了，虽然价格不菲，但是为了孩子的前途，你没有犹豫。报名缴费后，将孩子送过去，看到孩子在老师的调教下，的确学会了吃饭，你内心暗自庆幸，这个钱没白花。如果你能给孩子足够的耐心，在家里他也一定能学会自己吃饭。

幼儿期的补课习惯及心理分析

幼儿期是补课习惯的养成阶段。跟婴儿期早教班的“小打小闹”相比，幼儿期的兴趣班就已经形成相当大的规模了。幼儿的好奇心爆棚，他们对新鲜事物总是产生许多疑问，想要一探究竟。很多父母就将这种好奇心解读为“天赋”，为了不辜负这些“天赋”，他们就会想着将孩子送去专业的地方，尽早开发相关的潜能。而事实上，孩子对一件事情的热情会很快消退，然后又“瞄”上另一件新鲜事物。过早地将孩子送去辅导班，会给孩子带来很大的心理压力，他们会害怕再表现出惊喜或好奇，因为这会导致他们被关进一个小教室，被强迫在那里待一两个小时，而那期间，他们可能根本不知道老师在讲什么。

有些幼儿辅导班老师会代替孩子完成作业或作品，写上孩子的名字，让孩子带回家给父母看。不明就里的父母还以为孩子果真在这方面有“天赋”，更加不能同意孩子提出的退出辅导班的请求。这种虚假的成功带给父母无限的幻想，却给孩子的心里播下了不劳而获的种子。在辅导班待久了的孩子，渐渐地会放弃思考，放弃自己纠错，因为他们知道后面会有人给自己检查，给自己修改，甚至有的辅导班老师是直接报答案的。因此，幼儿期辅导班对孩子的伤害是最大的。浅尝辄止，未尝不可；一旦孩子深陷其中，则难以自拔，贻害终身。

青少年期的补课习惯及心理分析

前不久，一份南京某重点初中给小升初学生布置的暑假作业引起热议。其实这些作业不过是阅读书单、写字练习，既称不上惊世骇俗，也没有任何标新立异之处。但是这份作业清单为什么会被拿出来讨论呢？我认识的一位南京学生家长说：“现在的孩子暑假课程都排得满满的，哪有空做这些轻飘飘的无用功呀！再说了，现在暑假让你看书，等开学后分班考试，他们又不考这些内容！到时候，吃亏的还是看书的孩子。我们当然知道看书对孩子好，可这赤裸裸的现实让人不得不低头！”

青少年本应欢畅地汲取知识的力量，丰富自己的大脑，开拓自己的眼界。可是在升学这根指挥棒的操控下，他们出了课堂，就一头扎进辅导班。大部分家长有这样的心理负担：如果孩子上不了重点小学，就上不了重点初中，上不了重点初中就上不了重点高中，上不了重点高中就上不了重点大学，那孩子这辈子就“完蛋”了！这里所谓的“完蛋”，不是指孩子真的没救了，没有学校上了，而是指孩子不能按照父母的预期去发展。萨巴瑞博士在《父母的觉醒》一书中提道，父母的自负感会导致孩子产生焦虑情绪，形成害怕失败、不敢说真话等心理障碍。

现在的青少年还有机会逃离辅导班，选择图书馆或是大自然吗？我想答案是肯定的，至少不要盲目地将课余时间全部给了辅导班。

要想养成好的补课习惯，我们该怎么做

第一，父母需要觉醒。很多父母一心想培养出“牛娃”，他们早在孩子出生前就给孩子规划了美好的人生蓝图，要让孩子一步步地走进理想的殿堂。他们对孩子的形象、身份都有很高的期待，他们奉行完美主义，因此，他们用自己制定的标准去严格控制孩子的行为。这些父母需要觉醒，他们必须认识到孩子是一个独立的个体，既不是父母的附属品，也不是父母的继承者。医生的孩子，也许想成为一个画家。父母应该为孩子的创造力感到自豪。

第二，养成阅读的习惯。经典名著的背后是无数大师的人生智慧。读名著的青少年批判性思维发展得更好。当青少年有了批判性精神，即使是在补习班，也不会再思维僵化地将做题当成学习。从小养成阅读习惯的孩子，认字会更加准确，组词造句的能力更强，在写作方面也会表现出明显的优势，学习的热情会更饱满，探索钻研的思路会更开阔。

第七节　阅读习惯：孩子一年读几本书

阅读对每个人都是有好处的。书读得越多，理解力越好；理解力越好，则解决问题的能力越强。国外的早期阅读理论认为，人应该从一出生就开始阅读，将阅读视为开发智力的方式之一。除了可以开发智力，阅读对于儿童青少年的心理发展、社会学发展的价值也不容小觑。阅读还将培养儿童青少年的观察力、想象力、创造力、动手能力、逻辑思维能力、独立思考能力、审美能力和终身学习能力。

然而，当下的家庭里，大人和孩子几乎人手一部手机，我们习惯了“指尖下的快餐文化”。用十几分钟的时间浏览一本书的简介，就当是自己阅读过了。各类在线教育的平台会提供书籍的讲解视频和音频，只要点开应用软件，就可以倾听智者的思想。这听起来是一件很美好的事情，不经意间电子产品成了儿童青少年最喜爱的伙伴。而“闷不吭声”的书籍越来越不受孩子们的喜爱。儿童青少年早期不良的阅读习惯会随着年龄的增长不断蔓延到学习领域的各个方面。因此，儿童青少年的阅读习惯要从一出生开始培养。

婴儿期的阅读习惯及心理分析

从婴儿呱呱坠地、睁开眼睛那一刻开始，他们就在探索这个世界。满月的婴儿可以阅读黑白颜色卡、柔软的布艺书籍等。婴儿阶段可以阅读有不同颜色、形状和各种各样物品的卡片或挂图，初步积累认知世界的信息。

风风刚满月，奶奶就带他认识家里的每一件物品，会跟他介绍："这是桌子，这是椅子，这是书柜……"介绍过物品之后，奶奶就开始给他看闪卡，闪卡里的颜色、形状都是通过图形来展示的，对风风来说比较抽象。这时奶奶就会联系家里的物品——风风已经熟悉的东西，来教风风读卡片。等到风风开始探索外部世界、走出家门时，他已经会在小区花园里主动寻找在卡片和绘本里见过的花朵、绿草、风筝、气球等物品。

我们都知道，对事物的熟悉能增强婴儿的安全感。因此，在家里通过阅读，对物品加深认知，也有助于提升婴儿的安全感。在熟悉物品的基础上，反复阅读卡片和绘本，能提高婴儿的观察能力，让他们能快速识别出那些熟悉的事物，增强他们的自信心。这个阶段婴儿的阅读以大人主动呈现、多次指认和寻找熟悉事物为主要特点。

1 岁至 2 岁的婴儿动手能力开始增强，但糟糕的是，他们不是动手阅读，而是动手撕书。当婴儿开始主动拿起书时，他们左看看、右看看，然后找准一个角度就开始撕扯。这时，家长不要着急，耐心观察一下，婴儿为什么撕书？是对所选的书籍不感兴趣，还是觉得撕书的动作有趣，或者是喜欢撕下来的书页？任何时候都不要对此做出呵斥。要注意引导婴儿爱惜书，首先家长自己就要尊重阅读，正视阅读的主体是婴儿这一事实。

幼儿期的阅读习惯及心理分析

幼儿开始大量接触绘本读物等阅读材料。这个阶段的阅读形式是以亲子共读为主要特点。亲子共读的时光是美好的，如果大人企图将阅读时间变成认字时间，则是有害无益的。

平平的妈妈听人说，小学一年级的老师都默认孩子们认识很多汉字，所以不会特别认真地教生字。平平的妈妈心想，那我家孩子必须在上小学之前掌握四五百个汉字。于是，每次在亲子共读时，妈妈总反复提醒平平："这是'大'，这是'小'，你记住了啊，别忘记了啊！"平平想往后翻，看看故事中的怪兽怎么样了，妈妈又继续说："你先告诉妈妈，这个字怎么读，我们再往后翻。"平平读不出来，他开始觉得读书是一件很困难、很没意思的事情。

过早地教孩子识字会让孩子的阅读体验受挫，因为孩子的注意力还很短暂，对抽象事物的记忆力是建立在领会的基础上的，孩子根本没有领会每个字的写法，又如何能记住那么多的汉字呢？其实，平平的妈妈要放松一点儿，单纯地陪着孩子读故事、看图片。时间久了，平平反而能记住一些常见的字。幼儿期是养成阅读习惯的关键期，让孩子对阅读感兴趣，保持阅读的好奇心，才是阅读的目标。

青少年期的阅读习惯及心理分析

青少年正处于学习的黄金时期，如果前期已经养成了阅读习惯，那么此时他们阅读的范围会扩大，阅读的层次会进一步提高。他们会重读曾经看简本或概要介绍的书籍，他们想要对书中的人物细节一探究竟。现实中，我们发现有很多青少年在幼儿期没有养成良好的阅读习惯，或是在幼儿期有阅读习惯，到了学业繁忙的中学就停止了阅读。在青少年期，我们还能重新培养阅读习惯吗？答案是肯定的。

凯文从小爱读书，脑瓜子灵活，因此，在幼儿园和小学阶段都读了不少书。到了十来岁，凯文拥有了手机、平板电脑，他渐渐地从看纸质书转变为用平板电脑看电子书，最后演变成了用平板电脑玩游戏、看直播。他有时也看别人直播读书，他觉得很有意思，做直播的人总有办法让你的眼睛离不开屏幕。很快，凯文觉得自己经常感到头昏昏沉沉的，听课也老走神，写作文时更是提笔忘字。他问妈妈："我到底怎么了？"妈妈带他去书店待了一下午。起初，他焦躁不安，想要手机，想要打开手机软件看直播、玩游戏。可是他们来之前已经约定好不带手机。一个下午过去了，凯文虽然一本书也没有看，但是他焦躁的情绪有所平复。接下来的几天，妈妈总会抽时间陪他一起看书，跟他讨论书中的内容。凯文的内心慢慢回归了平静，注意力也开始集中起来了。

妈妈的耐心陪伴和有技巧的约束让凯文重新养成了阅读的好习惯。如果你的孩子也正处在对阅读失去热情的困境中，你不妨也试试凯文妈妈的做法，帮助孩子先驱散他心中的迷茫，找到心安的方向。

要想养成好的阅读习惯，我们该怎么做

第一，创设阅读环境，让书本随手可及。在家里的各个空间

都放一些孩子能阅读的书籍，方便孩子拿取。我发现孩子在对玩具感到无聊时，会主动去翻一翻色彩鲜艳的绘本。幼儿期的孩子会根据绘本自己编故事，并将他的玩具带入他自编的故事中去。

第二，亲子共读为自主阅读奠定坚实的根基。从亲子共读、指读、伴读到自主阅读，这是一条很长的路。每一步，都需要脚踏实地。当孩子不认识字时，我们帮助孩子读出书中的文字，并解释文字所代表的意思。

第三，培养孩子的时间管理能力。相对于上班族来说，孩子玩耍的时间很长。除了户外活动、吃饭、睡觉，孩子在家玩的时间也相对较长。因此，大人要做家务时，总习惯性地递给孩子一个遥控器或一台平板电脑，让孩子看电视或玩游戏打发时间。这是非常不可取的！在幼儿期，孩子使用电子产品一定要有家长监督，确保眼睛与屏幕保持一定的距离，保护孩子的身心健康。而在青少年期，更要严格管控电子产品的使用时间，保证孩子的睡眠，维持孩子的注意力。沉迷于电子产品的孩子可能不屑于读书，因为他们的心是躁动的、迷茫的。

第四，精读经典，博览群书。阅读的策略很多，精读和略读是经常被拿来讨论与比较的。我们常常这样打比方：所谓精读，是指一个月只读一本书，读十遍；而略读，则是指一个月读十本书，每本书读一遍。不同的书籍适合不同的阅读策略。精读的好处不言而喻，孩子不断重复地阅读同样的内容，对书中的名词、语句和文章结构都会印象深刻，并引发自己的思考，形成自己的观点。而略读能帮助孩子开阔眼界。有时孩子跳跃式阅读，是因为对部分内容没有兴趣，而当他看完后面章节时，又会回头来看之前跳过的部分。对此，家长不要着急，更不必责骂孩子看书不认真。对孩子的阅读，不要抱着功利心，正如我们常说的，给孩子无条件的爱。给阅读，也要有无条件的支持。

第五章

社交习惯篇：你是那个让人哭笑不得的“戏精”吗

第一节　抱怨：一味地抱怨只会让人厌烦

现实生活中有很多抱怨的声音。妈妈抱怨奶奶，爸爸抱怨妈妈，孩子抱怨爸爸妈妈，这些都是常见的现象。很多父母说，自己已经倾尽全力地爱护孩子，就差没有上天去给他摘星星、摘月亮了，为什么孩子还总是抱怨呢？说这话的家长，很可能没有认真倾听孩子抱怨背后的心理诉求。孩子抱怨今天的衣服不好看，可能是因为昨天晚上没睡好导致不想上幼儿园，而又迫于家长的权威不敢说出来，只好一直抱怨这件衣服难看死了，不能穿这么难看的衣服去上学。而家长看着明明很漂亮的衣服，听着孩子无理取闹式的抱怨，总是气不打一处来，伸手就是一巴掌，还安慰自己说，虽然不想打孩子，但是再不教育，以后孩子就要跟他人比吃比穿了，不能纵容这种风气。

找到自己的优点，对自己进行肯定，才能看到阳光。看到他人身上的优点，学习他人的长处；看到他人的缺点，则给予帮助。

婴儿期的抱怨习惯及心理分析

婴儿的照料工作很艰辛，带婴儿的大人偶有抱怨是可以理解的。但是，有些大人，尤其是祖辈，习惯性地将抱怨的话挂在嘴边，完全没有意识到这样的抱怨会给婴儿留下不可磨灭的印象。

被婴儿尿湿裤子是一件让人不愉悦的事情，乐观的家长会笑着说：“哎呀，宝宝给我洗了个澡呀！还热乎乎的呢！那我换件漂亮裙子好吗？”他们会首先帮宝宝换好衣物，安抚好宝宝的情绪，然后再去处理自己的衣服。而悲观的家长则感到很郁闷：“宝宝怎么搞的？明明穿了尿不湿，还尿了我一腿，烦死了！”在给宝宝换衣服时，动作急躁，面露愠色。

上面两种态度的家长会养育出完全不同性格的孩子。乐观家庭里长大的孩子遇到困难时，会说：“嘿，还真不简单，我要看看如何解决这个问题！”而悲观家庭里长大的孩子，想的不是如何解决这个问题，而是：“是谁给我出的这个难题？他为什么出这样的难题？是跟我过不去吗？我要怎么对待那个跟我过不去的人？”

家庭成员，尤其是父母的抱怨，还会影响孩子自身的社交习惯。在家庭里遇到事情习惯性地抱怨对方，到了学校、社会，他们仍然会将问题指向他人和环境。

幼儿期的抱怨习惯及心理分析

小优生活在一个充满抱怨的家庭里，他对家庭里的一切感到厌烦。他觉得自己是一个很糟糕的孩子，父母都不喜欢自己，所以他经常会听到父母说：“孩子坐姿不正，怪你！”“孩子睡觉打呼噜，影响我睡觉！”“孩子沉迷于电视，都怪你买那么大一台电视机在客厅！”家庭的矛盾和家庭成员之间的相互抱怨，让小优将问题的矛头指向自己，认为自己的存在是个错误。

生活在抱怨中的小优看不到自己的优点和价值。刚开始，小优学会了自我否定，将一切责任归结为是自己不好。渐渐地，他发现很多小伙伴也跟他一样淘气，一样不好好吃饭，可他们的爸爸妈妈没有相互抱怨，也没有责怪小孩。他开始对之前的归因方式产生了怀疑，进而愤怒。他不明白为什么自己摊上了这样的父母，而别人却出生在幸福的家庭。小优又开始了新一轮的抱怨，这次抱怨的对象指向了命运。

遇到困难时，小优会哭闹着说："我本来就学不会，我笨！我不可爱，你们不要喜欢我！"小优的父母也很生气："多练习不就会了？哭有什么用？傻不傻啊你？"父母在小优失望时，又浇了一盆冷水。他内心感到了一丝绝望，这种绝望会埋下抑郁和仇恨的种子，随着年龄的增长生根发芽。

青少年期的抱怨习惯及心理分析

除了小优这样从小生活在充满负能量的家庭里的孩子，大部分孩子在小时候是听惯了鼓励和表扬的。经历了大考、小考的洗礼之后，青少年的心理悄悄发生变化。在学校里，有些同学似乎就是一台负能量的"发射机"，他们走到哪里，负能量就波及哪里。在操场上，抱怨天气热，体育课不应该在户外活动；在教室里，抱怨不开窗户，空气不流通；在考场上，老师走路的声音都能影响他们考试发挥；在家里，他们在父母面前反而没有那么多抱怨，因为他们不屑于或不敢跟父母说太多。因此，他们抱怨的另一种途径就是在网络上抱怨，他们化身为"键盘侠"，或被人称为“网络喷子”。针对他们看不顺眼的事情，都要去抨击一番。

一般来说，爱抱怨的青少年都有高标准、严要求的父母或老师。因为达不到父母或老师的期待，他们就会找理由来掩饰自己的不足。而对无关紧要的人抱怨或发表抨击言论，则可以在一定程度上宣泄自己的情绪。因经济拮据而不满现状的青少年，倾向于抨击有钱人；因成绩不佳而倍感压力的青少年，倾向于抨击学霸人设。无休止的抱怨，会让儿童青少年成为“垃圾人”或“隐形人”，如果不及时改正抱怨的习惯，不仅影响自身的心理健康，也会给身边的人带来困扰。因此，父母和老师面对儿童青少年的抱怨，要冷静分析，客观看待，并积极地帮助他们。

要想养成不抱怨的好习惯，我们该怎么做

第一，以身作则，给孩子带来正能量。前文中小优的抱怨是受到父母的习惯影响。为人父母，要懂得克制自己的情绪，不在孩子面前争吵。遇到问题时，客观地分析事情的经过，不对他人进行人身攻击，更不能拿孩子当攻击的武器或挡箭牌。生儿育女，是为了让他们养成健全的人格，赋予他们完整的爱。为了这份爱，我们要先改掉坏习惯，完善自身。

第二，帮助孩子辩证地看待自己的优缺点。清楚自己的优缺点，为自己的优点感到自豪，对自己的缺点加以注意；并认识到，每个人都有自己的优点和缺点，不拿自己的缺点去跟他人的优点比较，也不因他人的炫耀而动摇自己的信念。相信缺点也是完美的一部分。

第三，帮助孩子磨炼心理韧性，积极地应对挫折。从小“众星捧月”长大的孩子，在面对挫折时，很难接受自己有办不到的事情、实现不了的愿望。这时，父母和老师要帮助孩子做好心理建设，让他们认识到美好的愿望可以分阶段实现，只要足够努力，用对方法，我们一定可以离目标越来越近。

第四，设立恰当的目标。过高的标准会让孩子的自我效能感降低。孩子通过自我评估，很快确定眼前的目标是不可能实现的，那么他们就会感到沮丧甚至愤怒，进而将责任推卸给制定目标的人，或是其他有能力完成目标的人。

第五，善用积极词语评价孩子的处境。当孩子遇到问题时，他们首先想到的力量来源肯定是自己的父母。因此，父母的评价对孩子来说格外重要。比如说，孩子中考前的最后一次模拟考试成绩不理想，消极的家长会说：“这次考试几乎等于中考的预考，就你这个分，也别想进重点高中了。”而聪明的家长会用积极的评价鼓励孩子：“这次考试很及时，将之前疏忽的知识点给显示出来了，接下来的时间里，你的复习更有针对性了！”前者对考试结果进行了灾难化的评价，后者则提出了解决问题的办法。很显然，后者的孩子不会因此抱怨试卷太难或其他外界因素。

第二节　装傻：要“装”得自然才是关键

儿童青少年在遇到自己讨厌的人时，通常会表现得针锋相对，这是因为他们迫切地想要表达自己的思想和立场。在现实生活中，经常会有人在不合适的场合，问不恰当的问题，如果被问的是大人，大人可能会选择装傻。装傻也是一门艺术，能够暂时避其锋芒，免予责难。而拙劣的装傻，会将事情弄得一团糟。培养良好的社交习惯，一定要掌握装傻的精髓。

装傻是一种策略。在别人责难你时，你装作一无所知地反问对方：“好像真的是我错了，你是怎么发现的？”在别人恭维你时，你装作受宠若惊地纠正别人的夸大其词：“哪有，哪有！我不过是瞎猫碰到死耗子！”在别人想要拉你进入小团体时，你惊讶地说：“啊，不是说小团体不利于大团结吗？你一定是开玩笑的吧？”装傻是为了保护自己的心理空间不受侵犯，保持自己的思想独立。从某种程度上说，装傻也是个体与生俱来的一种社交能力。

婴儿期的装傻习惯及心理分析

宝宝在三四个月大习得社会性微笑时，周围的人就会对着宝宝问这问那，想要逗宝宝咿咿呀呀地笑出声。大部分时候，宝宝是越逗越开心的。但有时候，宝宝心情不在状态时，也会摆出一副“你是谁，你在干吗”的冷漠脸。这就是一种装傻的本能了。

萱萱从小由奶奶带，比较怕生。每当奶奶抱着她到小区花园跟其他小宝宝一起玩耍时，萱萱的脸上总挂着一种不情不愿的表情。别的小宝宝都咿咿呀呀地叫唤着，可是萱萱却皱着眉头，一脸不悦。奶奶很生气，就说：“又想黏着妈妈了是不是？又想妈妈了是不是？妈妈上班去了，你只能在家跟奶奶！”萱萱似懂非懂，被奶奶一训，更委屈了，立马放声大哭。

萱萱的奶奶做了一个很坏的示范，对待萱萱在社会交往中的不良情绪，没有积极引导，反而带着怨气进行批评责问。这是一种侵犯了萱萱的心理空间的做法。萱萱在和别的小宝宝碰面时，没有表现出兴奋或开心，可能有其他原因。聪明的做法是对萱萱的闷闷不乐装傻，引导萱萱观察现场的趣事。看看其他小宝宝今天带出来的玩具，问萱萱要不要下地走走，或者是用其他方法转移她的注意力。在社交场合点破萱萱的心思，可能会让她恼羞成怒，表现得更加沮丧和愤怒。

幼儿期的装傻习惯及心理分析

幼儿处于一个撒谎“高峰”期，前文中我们已经分析过幼儿期的撒谎分为有意识撒谎和无意识撒谎。在这里，我们要注意区分装傻与撒谎。

萱萱进入幼儿园后，不听老师指令，经常在教室里乱跑。老师跟萱萱的妈妈沟通，希望家长能教育孩子在学校里服从老师的管理，听老师的话。妈妈问萱萱：“你今天在学校里，是不是到处乱跑了呀？”萱萱一脸无辜地摇摇头，说：“我没有乱跑！”妈妈再追着问细节：“今天排队时，你是不是跑到窗户边上去了？”萱萱装作听不懂妈妈说什么，开始跟妈妈说：“今天是婷婷不听话，她被老师骂了。”

妈妈责问萱萱时，萱萱选择了装傻。她很自然装傻，首先否认自己今天“到处乱跑”，当妈妈追问细节时，她没有直接撒谎说自己没有跑到窗户边，而是将话题转移到同学婷婷身上。如果妈妈懂得装傻的真谛，就可以顺势来分析婷婷今天乱跑的做法，让萱萱谈谈“婷婷今天做得对吗？婷婷为什么在排队时跑到窗户边上呢？”萱萱可能会告诉妈妈：“因为窗外有一盆漂亮的牵牛花。”

萱萱为什么要装傻呢？我们不难从妈妈的问话方式中找到答案。在听到老师说孩子在学校不听话、到处乱跑之后，妈妈急于完成老师交代的任务——让孩子听话，却没有倾听孩子的心声。如果妈妈对萱萱乱跑的事情装傻，先问问她今天在幼儿园有没有好玩的事情，萱萱可能会主动报告自己在窗户外面发现了一盆漂亮的牵牛花。

青少年期的装傻习惯及心理分析

幼儿的装傻行为中带着一丝撒娇的意味，他们是想通过这种方式告诉大人：“你别问了，我不想说，我不想挨骂。”而青少年的装傻行为就表现出态度强硬的一面，通常被家长描述为“死鸭子嘴硬”。

读中学的李乐经常因为和同学之间发生矛盾而让父母头疼。父母越是跟李乐讲道理，要求李乐懂得谦让，少跟同学纠缠，把心思放在学习上，李乐就越发激动地解释，自己并没有不谦让，是同学要跟自己纠缠。而对于父母提到他跟同学发生争执的事情时，他总是避重就轻。有一次，李乐和同学一起去参加演讲比赛，同学忘记带演讲稿了，其实李乐记得同学的演讲稿就在自己的书包里，可是为了让自己获得更好的成绩，李乐选择了装傻，没有出声。

在这个案例中，该装傻的父母没有掩饰好装傻的细节，而李乐在跟同学打交道时，也没有做到该装傻时装傻，反而是一直纠缠不休，最终发生争执，并导致人际关系越发紧张。父母为人处世的方式将在很大程度上影响孩子的人际交往，这也是为什么我们常说，孩子就是父母的一面镜子。面对青少年的冲动和偏激，父母要学会对细枝末节的事情装傻，不要逼问孩子，不必追究每一个细节的原因。很多时候，他们只是冲动为之，没有原因。事后，如果家长不过分纠缠，他们很快也就放下了。相反，如果家长不依不饶地追问和说教，只会让孩子厌烦和逆反。

要想养成善于装傻的好习惯，我们该怎么做

第一，抓大放小，给对方时间和空间。在儿童青少年的人际交往中，很多时候都没有实质上的矛盾和对抗，只是一些细微处

的摩擦和分歧。这时，父母要教孩子顾全大局，不拘小节。因此，在对待孩子的交友问题上，父母首先要抓大放小，给孩子自由发挥的空间。我们可以限定孩子玩耍的时间和地点，但是不必去介入他们玩耍时发生的小冲突。只有经历过冲突、和好、又冲突、再和好，孩子之间才会结下深厚的情谊。

第二，对待错误，要认清本质。儿童青少年在人际交往中经常会犯错，比如，咄咄逼人地要求朋友做什么事情，或是在遇到困难时指责对方。这些都是不好的社交习惯。父母要做出榜样，给出指导，不要轻易地否定孩子的友情，不能因为小伙伴的一句脏话，就干涉他们交往。

第三，保持微笑，让装傻变得不那么令人讨厌。有些时候，面对他人一些无厘头的问题，我们真的不想回答。那么这时装傻、打岔或是敷衍带过，都有可能会让对方不悦，进而影响人际关系。为了缓解对方不悦的情绪，我们保持微笑是再好不过的方法，人们常说，抬手不打笑脸人。即便我们没有满足他们的好奇心，但是我们用微笑表达了对他们的尊重，也能让我们的装傻变得不那么令人讨厌了。

第四，真诚待人才是人际交往的根本。虽然装傻能在一些尴尬的时刻，给自己一个台阶下，但是人与人之间的交往，贵在真诚相待。只有坦诚地跟对方分享自己的想法，才能获得对方同样的诚意。任何美好的感情都是建立在真诚的基础之上的。

第三节　炫富：平民阶层里养出来的“富二代”

网上有人说，我们这个时代存在全民“富二代”的现象。不论家庭经济状况如何，父母都有一种“再苦不能苦孩子”的心理，除此之外，还有“女孩要富养”“男孩更要精英教育”等理念都在驱使着现代父母加大在孩子教育上的投资，一不小心就被“割了韭菜”。

“富养”的家庭教养模式导致儿童青少年形成了炫富心理。而那些本身家庭条件并不是很优渥的孩子，在面对同伴炫富的压力时，也会想尽办法表现出“富有”，因此，攀比之风就盛行起来了。富人给人的刻板印象就是奢华，简约倒成了“怪事”。那么，物质条件真的能决定一个家庭是否富有吗？我想并不是这样。导致“炫富”的是家庭教养模式和孩子内心的空虚。

婴儿期的炫富习惯及心理分析

孩子承载着父母的希望而生。很多小时候生活比较拮据的父母会对孩子格外宠爱，具体表现在要给孩子吃最好的、穿最好的、玩最好的。看到别人有什么，立马想要给自家孩子也买一个，生怕被别人给比下去了。

康康出生后，一直是奶粉喂养。于是，康康的妈妈买了各大品牌的奶瓶，从周一到周日不带重样地给康康用。有一天，跟小区里其他妈妈聊天，对方提到国外有个牌子的奶瓶不错，康康的妈妈便说：“那我必须买，我必须集齐全世界最好的奶瓶给我儿子用！”妈妈完全没有注意到康康因为抗拒新奶瓶而做的挣扎。她想着，有选择总比没有选择好啊，这些都是最好的奶瓶，不容错过。

康康的妈妈将自身的需求投射到了孩子身上。她自己曾经缺少物质选择，因此她希望孩子能够有更多的选择，全然不顾孩子想要的是一只熟悉的奶瓶。她打着为孩子好的旗号，花了很多钱，最后却给孩子留下了心理阴影。这是因为她没有真正关心孩子的需求，没有与孩子进行情感交流，而一味地用物质来表达爱。这样的家庭里长大的孩子会缺少存在感，在父母的虚荣心面前，孩子成了没有主见的玩偶。

还有一些家庭，由于父母忙于工作，出于补偿心理，他们在孩子的消费方面不计成本。从小锦衣玉食的孩子，在和同伴交往时，会表现出自私自利的一面，他们不懂得谦让，因为他们习惯了最好的都属于自己。

幼儿期的炫富习惯及心理分析

婴儿期的炫富是由父母主导的，而幼儿期的炫富则加入了幼儿本人的主动性。某女明星对孩子的富养模式很全面，从衣、食、住、行到教育培训，她都选了最好的，并晒在网上。她的行为引起了热议，被媒体平台转发和报道。很多人看了新闻之后，感叹果然用钱砸出来的“未来”是不一样的！事实真的如此吗？我们要知道明星有光环效应，会引起大众的模仿。大众看到女明星的富养模式，纷纷去查她孩子穿的衣服是什么品牌、手链值多少钱，于是咬咬牙，给自己家孩子也买一套。

女明星刻意晒出富养的细节对她们来说更多的是一种商业需要，通过鼓吹自己的成功，带来人气，而人气又能带给她们经济利益。普通家庭大可不必加入攀比大军，给孩子穿上不符合他们年龄、气质和家庭收入的服装。习惯了名牌的孩子，会看出质感与设计的区别，开始拒绝普通的衣服。在和同伴交往中，开始注意对方的服饰品牌，甚至疏远衣着普通的小伙伴，交友的标准开始扭曲。人的注意力是有限的，当孩子把注意力集中在了吃穿用度上，自然就很难集中精力读书、思考和真诚待人。

青少年期的炫富习惯及心理分析

随着互联网的发展，青少年成为网络炫富的主力军。炫富的形式多种多样，如晒品牌服饰、晒高级旅游景点等。通常来说，他们炫富的内容大部分是外在的物质或社会地位，几乎没有自身的才华与成果。

小圆的家庭经济条件特别好，但是她的父母经常争吵，家里总是弥漫着一股火药味。父母对小圆的要求很高，但是没有人在乎小圆的心里在想什么。考试考得好，父母奖励金钱，考试考得不好，父母将她大骂一顿后，又继续给她钱，让她自己想买什么就买什么。小圆的内心很空虚，心情不好时，她会约同学一起去唱 KTV，大声说：“都一起来吧，我买单！”在同学的吹捧附和中，小圆找回一丝存在感。但这种存在感很快就消退了，回到家后，小圆仍然感觉到空虚无助，于是她开始想办法让父母给她更多的钱。

影响青少年炫富的因素很多，其中离异家庭、留守家庭或高压环境下长大的青少年更容易养成炫富的习惯。因为他们缺少关爱，内心里空虚不安，急需寻找存在感和安全感。迷茫的青少年不知道真正的富足是什么样的，因此，炫富既带给他们短暂的满足，又加深他们内心深处的空虚。

要想养成不炫耀的好习惯，我们该怎么做

第一，帮助孩子树立健康的价值观。一个人的价值不在于他拥有多少物质财富，而在于他是否有富足的精神世界，是否有爱自己和爱他人的能力。在儿童青少年的人际交往中，物质攀比会妨碍友谊的发展。只有关注自己的内心，看到他人的优点，找到兴趣和思想上的共鸣，才能让友谊的小船一路欢歌。父母和子女之间的关系也是如此，对孩子好，并不意味着要给孩子花最多的钱，而是要给孩子更多的陪伴、理解和支持。

第二，帮助孩子养成放眼世界、心怀天下的气度。物质条件富足的家庭，要带孩子走出舒适圈，看看国内外贫困地区的孩子——他们过着什么样的生活？我们是否能做些什么来改善他们的生活条件？让儿童青少年肩负胸怀天下的使命，他们很可能就会脱离鸡毛蒜皮般的物质炫富。使命感会让孩子产生“我能行”的自信心，自信心带给孩子价值感，而价值感能帮助孩子脱离炫

富的低级趣味。

第三，用关爱代替金钱奖励。很多父母因为不懂得怎么跟孩子表达爱，不了解孩子的兴趣，于是在孩子生日时，直接给孩子金钱，并骄傲地说“随便花”。听起来霸气十足，但是孩子内心反而会很失落。因为他们也渴望有惊喜，渴望有人走进自己的内心世界，了解他们的人生理想。在爱的关注下长大的儿童青少年，也会用同样的方式去爱他人。他们知道用心地写一张生日卡片比给对方发一个红包更能表达自己的情感。

第四，改变家庭教养风格。在家庭教养中，父母越严格孩子的压力越大，压力越大也就越需要宣泄口。因此，在高压环境下长大的孩子，常常充满自卑感，他们看不到自己身上的优点，只好通过外在的表现来吸引他人的注意。对孩子要求过高的父母，要审视自己对孩子的期望是否合理。为人父母也需要终身学习，改变家庭教养风格什么时候都不晚。

第四节　胆怯：战胜恐惧的最好办法就是面对恐惧

在讨论胆怯这个话题之前，我们有必要将胆怯与界限感区分开来。胆怯是指不勇敢、胆子小。对儿童青少年来说，胆怯可能表现为不愿意去舞台上唱歌，或是不敢举手发言。而界限感则是指对界限的认定和重视程度。对儿童青少年来说，界限感则可能表现为不愿意去别的圈子玩，不愿意请教别人问题，等等。界限感和胆怯常常会被混淆在一起。有界限感的孩子可能会表现出不愿意跟人分享、不愿意主动社交，而胆怯的孩子未必都有界限感。下面，我们来具体分析胆怯与界限感在儿童青少年成长的各个年龄阶段中都有哪些习惯特点，并探讨它们背后的心理原因。

婴儿期的胆怯与界限感习惯及心理分析

通常来说，婴儿经历自发性微笑、无选择的社会性微笑和有选择的社会性微笑 3 个阶段的发展，婴儿在三四个月大时会表现出社会性微笑。与微笑相对的是哭泣。婴儿的哭泣也会经历 3 个阶段，即自发性的哭泣、应答性的哭泣和主动操控性的哭泣，后两个阶段合称社会性哭泣。社会性微笑和社会性哭泣都是婴儿开始与外界交往的开端，微笑或啼哭都是他们吸引大人照料的基本手段。

苗苗在三四个月大时，见到生人就会着急地往奶奶的怀里躲。

妈妈觉得很奇怪，不是都说三四个月大的孩子会见人就笑吗？为什么苗苗见到生人就躲呢？苗苗的奶奶责怪孩子胆子小，是父母带少了，说经常由父母带出来遛弯的孩子，明显都会自信很多，胆子也更大。于是，苗苗的妈妈经常带孩子出门，也频繁跟其他宝妈一起陪孩子做游戏，希望能改变苗苗胆小的性格。可是，苗苗在见到生人时仍然会往妈妈的身后躲。直到有一天，苗苗妈妈的朋友陪苗苗玩游戏时，完全从苗苗的角度出发，带着苗苗玩了20分钟，当这位朋友走了，苗苗开始到处寻找这位阿姨时，苗苗的妈妈才意识到孩子开始主动地去与外界沟通了。

苗苗显然是一位界限感很强的孩子。在她的意识里，你就是你，我就是我；你玩你的，我玩我的；你有你的大人，我有我的大人；我对我的大人微笑，你对你的大人微笑；我不想对你的大人微笑，因为那不是我家的大人。这个逻辑其实很简单，只是很多家长迫切地希望孩子变得开放、外向，而忽略了孩子内心深处需要的个人空间。苗苗还没有准备好接纳其他人进入自己的领地，因此对他们不理不睬，甚至被逼急了会大声哭泣，以此来抗议别人的“入侵”。而当苗苗遇到与自己意气相投的朋友时，她会将对方当作“自己人”，希望对方不要离开，能跟自己一直玩下去。

幼儿期的胆怯与界限感习惯及心理分析

幼儿是界限感习得的关键期。在幼儿期，我们要教会孩子世界上有3件事：自己的事情、别人的事情和老天的事情。

自己的事情：如穿衣、吃饭、背书包。这些事情要自己做，不能做衣来伸手、饭来张口的“小皇帝”“小公主”。

别人的事情：如小伙伴喜欢看动画片，而自己喜欢看书，这时不能要求小伙伴关掉动画片，陪自己看书。可以事先约定好，在一起玩耍的时间里选择双方都感兴趣的活动内容。

老天的事情：有些事情是我们影响不了的，如打雷、下雨，那么我们就要欣然接受和配合。在下雨天里，穿雨衣、雨靴；在晴天里，戴帽子、涂防晒霜。尊重客观环境，更好地保护自己。

除此之外，我们要记住，每个孩子的界限感是不一样的。有的孩子乐于分享自己的玩具，配合对方的玩耍习惯。而有的孩子就更加坚持自己的想法，想要对方配合自己的游戏规则。这些都是没有对错之分的，如果父母一味地鼓励孩子去分享和妥协，则会侵犯他们的界限感。随着幼儿之间游戏的发展，他们会根据自己的感受调整“边界”，之前不愿意分享的玩具，因为情感的加深和“边界”的拓宽，而变得愿意分享了。之前因为胆怯不敢开口跟小朋友借玩具，现在因为熟悉，社交焦虑解除，而变得可以勇敢地跟小朋友提出交换玩具了。

青少年期的胆怯与界限感习惯及心理分析

前文中我们提到过，青少年有独立意识、爱面子、自我封闭等几个显著的心理特点。这就意味着他们有严格的界限感，以及爱惜面子和不愿走出去的心理倾向。与此相冲突的是，在中国的家庭里，孩子的事情就是全家的事情。选择什么样的学校、报哪些兴趣班、参加哪些课外活动，都是父母在升学的指挥棒下带领孩子“冲锋陷阵”。因此，本该是青少年独自完成的学习，成了全家一起上的事业。当青少年的独立意识遭到家长不分界限的干涉，家庭战争一触即发。

小杨在学校里谈了一个男朋友，她深知父母不允许她谈恋爱，因此她每天都小心翼翼地隐藏着自己的情绪，生怕留下任何蛛丝马迹。直到男朋友跟她分手了，她感到很痛苦，不知道该找谁诉说，恍惚中她用小刀割伤了自己的手腕……幸亏父母及时发现，才没有酿成悲剧。父母心疼地问："为什么有心事不找大人说呢？"小杨歇斯底里地哭喊："每次我有事情跟你们说的时候，你们总是骂我，说我做得不对，你们从来没有站在我的角度考虑问题，没有在乎过我的感受！"

小杨的父母打着爱的旗号，侵犯小杨的界限感，导致小杨对父母充满了畏惧。遇到问题时，小杨表现出了胆怯，不敢跟父母说真话，因为经验告诉她，跟父母说真话之后，得到的是批评和反对。很多父母在孩子步入青春期后，严防死守地想要控制孩子的社交，让孩子服从自己的安排——一心一意学习。他们偷看孩子的聊天记录，跟老师和其他同学打听孩子在学校里有没有"情况"，查看孩子的朋友圈，实则是对孩子的精神绑架和心理控制。哪里有压迫，哪里就有反抗，像小杨这样暗自挑战父母独裁的青少年不在少数。他们有的表现得轰轰烈烈、大张旗鼓，有的则在暗暗地进行，偷偷地感受"自由的愉悦"。

要想养成不胆怯的好习惯，我们该怎么做

第一，找准情绪宣泄的出口。在现实生活中，我们发现表面

胆小的人背后都会有一些胆大的行为。如新闻里频频爆出来的杀人案，凶手在现实生活中往往很自卑和内向。当消极情绪积累到了一个临界点，压死骆驼的最后一根稻草出现时，他们就会做出骇人的举动。这是因为长期以来，他们缺少情绪宣泄的出口，不断压抑自己的消极情绪导致人格扭曲。因此，我们非常有必要正确认知消极情绪，并为消极情绪找到宣泄的出口，通过情绪调节来避免因为胆怯而带来的不良影响。对婴幼儿来说，可以用他们喜欢的音乐旋律来安抚他们的情绪。而青少年则通过文学或影视作品中的角色，找到自己的同类，让自己感到不孤独。他们还可以通过音乐、艺术等途径宣泄内心的愤怒或焦虑。

第二，提升自身素质，寻找志同道合的朋友。社会性支持是儿童青少年迈向勇敢的助推器，包括父母和重要他人的支持。对儿童青少年来说，这里的重要他人就包括他们的同伴、好朋友。因此，志同道合的朋友会给儿童青少年克服胆怯的勇气，让他们敢于直面恐惧，因为他们知道身边的人会支持自己。

第三，追根溯源，揭开心理阴影的伤疤。自己走丢、留守在祖辈身边或是生病等经历可能会导致儿童形成胆怯的性格。他们担心万一自己做错事，悲剧又会重演。因此，他们把自己装在套子里，不敢迈出半步。对于这种情况，父母要耐心开导，找到症结所在，还原现场，帮助孩子重新站在事发点，感受并宣泄出当时的情绪。父母要认真倾听孩子的心声，给他们拥抱和支持，让他们知道过去的经历已经过去了，是时候走出阴影了。

第五节　心不在焉：一桌人有说有笑，你却低头玩手机

“心不在焉，视而不见、听而不闻，食而不知其味”出自《礼记・大学》，这句话的意思是指心思不在当下，不关注眼前的事物，即便口中在嚼着食物，却也体会不到食物的滋味。这些文字恰如其分地描写了很多人在聚餐场景的表现：一群人围坐一桌有说有笑，而总有几个人在低头玩手机，无视周围人的谈笑风生，也没有心思品尝面前的美味佳肴。要想提高社会交往能力，就必须改掉心不在焉的坏习惯。下面，我们从儿童青少年成长的各个年龄阶段来分析心不在焉的坏习惯是如何养成的，以及改变心不在焉的坏习惯需要哪些策略。

婴儿期的心不在焉习惯及心理分析

注意力是婴儿心理发展的重要内容之一。新生儿的大部分时间都处于睡眠状态，他们清醒的时间是非常短暂的，一般这时，婴儿的注意力不超过一两分钟。随着时间的推移，婴儿维持注意力的时间会逐渐延长，到婴儿一岁时，注意力一般维持在 5 ～ 10 分钟。3 岁之前的婴儿维持注意力的时间非常短暂，因此在社交活动中，会表现出玩一会儿就没兴趣了。注意又分为有意注意和

无意注意。在玩耍的过程中，如果对方的大人忽然拿出一个新玩具，婴儿很快被吸引，眼神会盯着玩具，耳朵会去捕捉玩具发出的声音，这属于无意注意。而当对方家长收起新玩具、准备离开时，婴儿会盯着收玩具的手和装玩具的包看，这属于有意注意。

为了吸引婴儿的注意力，很多父母会想尽办法给婴儿带来新礼物，这其实是不可取的。因为不断变换婴儿眼前的事物，本身就会造成婴儿的注意力分散。他们还没来得及仔细观察身边的物品，一切又变了样。新礼物引起婴儿的注意属于无意注意，而我们想要婴儿持久地关注一件事情，需要的则是有意注意。因此，不断提供新鲜事物，让婴儿长期处于无意注意中，就缺少有意注意的训练，不利于有意注意的发展。父母聚餐时，带着婴儿一起出门，如果没有新玩具，他们就会感到无聊，提不起兴趣，甚至哭闹；而如果一直提供新玩具，虽能够暂时安抚婴儿的情绪，却不利于婴儿注意力的培养。

幼儿期的心不在焉习惯及心理分析

3 ～ 6 岁幼儿的注意力维持时间平均在 15 分钟左右，最长的注意力集中时间能达到 20 分钟左右。当然，如果他们在看喜欢的动画片，眼睛可能会盯住电子屏幕长达一个小时，甚至更长的时间。

欣欣平时由奶奶照料，而奶奶除了照料欣欣，还有很多家务要做。因此奶奶在做家务时，就会用手机播放欣欣爱看的动画片，然后让她在客厅里独自观看。有时，奶奶忙完洗菜、做饭等一系列家务时，欣欣还盯着屏幕看得入神。有一次，妈妈带欣欣去参加一场婚宴，在餐桌上，欣欣要求看动画片，妈妈鼓励欣欣去跟同龄的几位小朋友一起玩。欣欣不乐意，噘着嘴巴说："快给我看动画片，我不想跟他们玩！"妈妈为了息事宁人，无奈地给她看了动画片。当大家都热热闹闹地看着舞台上的婚礼活动时，欣欣就一直低着头看动画片。

欣欣的心不在焉是由于长期看电子屏幕引起的，动画片里绚丽的色彩和有趣的声音吸引着孤独的欣欣。她把动画片里的小猪佩奇当成自己的好朋友，而对于身边的小朋友却感到陌生。辛苦带孩子的奶奶自然无可指摘，而为了孩子的未来，在外拼搏的父母也不能说存在过错。欣欣的心不在焉到底该由谁买单呢？这个问题的答案已经毫无意义了。重要的是，如何改变欣欣的状态，让她的注意力回到现实生活中，回到当下的情景。这是她的父母和家人的首要任务。

青少年期的心不在焉习惯及心理分析

很多青少年在人际交往中表现得心不在焉，是因为内心的叛逆。为了给孩子提供人脉资源，很多父母会带着孩子出席一些商业活动或是大人间的聚会。他们的出发点很简单，就是希望孩子能够近距离地接触优秀的人，学习他们身上的优秀品质。

小禹明年高考，他的妈妈到处打听今年的高考状元，终于找到朋友的朋友认识状元的家长，于是托人牵线，想请状元一起出来吃个饭，好让小禹跟状元取取经。小禹无奈地跟着妈妈去了饭局。一桌子人都在夸赞状元的聪明、用功、学习方法好，都在描绘着状元的美好未来。小禹的成绩一般，自觉在饭局上插不上话，便找了个角落坐下，拿出手机打游戏了。妈妈多次暗示他要多跟状元交流，可是小禹全当听不见。状元倒是很热情地跟小禹打招呼，问他想考哪所大学。小禹却敷衍地回了句“还没想好”，就不再吭声了。妈妈对小禹的态度感到很失望，认为自己费尽心思为他争取的状元学习经验分享会，就这样被他浪费了。

小禹对这场状元学习经验分享会不感兴趣，是因为在这场聚会中，自己是个配角，像个小丑。在状元的光环面前，小禹的未来显得黯淡无光。他恨不得找个地洞钻进去，幸好他有手机，于是他便将自己埋藏在了游戏里。心不在焉是小禹自卑心理的保护壳，只有穿上这件隐身衣，他才能暂时逃避自卑的痛苦。

要想养成关注当下的好习惯，我们该怎么做

第一，尊重孩子的界限感。每个孩子的界限感不同，父母要通过观察了解孩子的界限在哪里。有的孩子可以轻易将玩具跟同伴分享，愿意参加同伴的聚会，而有的孩子则不允许别人碰他最心爱的玩具，也不愿意参加同伴的聚会，只因为那个聚会上还有很多陌生人。有的父母特别喜欢让孩子在客人面前展示才艺，如背诵唐诗、唱英文歌。很多孩子都在这时拒绝表演，父母应该尊重孩子的意愿，不要破坏他们的界限感。界限感被尊重的孩子会获得自尊和安全感。被强行要求表演的孩子自尊受到伤害，会失去安全感。

第二，找出胆怯的真正原因。当孩子表现出畏畏缩缩的样子，不肯与人交际时，父母要首先给孩子拥抱，让孩子感到自己被接纳，然后再去寻找胆怯背后的心理原因。父母的陪伴会增强孩子的自信心，不能经常陪伴孩子的父母也要通过视频的方式给孩子直观的爱。孩子的思想很简单，正如歌里所唱的“爱我你就抱抱我，爱我你就夸夸我”，向孩子表达爱的方式很简单，拥抱和赞扬会让孩子体会到自己的价值。

第三，做孩子心灵的港湾。有时，孩子还没有准备好面对一些场景，如舞台上的演讲。大人不要一味地把孩子往前推，要允许孩子后退一步，用温暖的怀抱迎接孩子，做孩子心灵的港湾。我们换位思考一下，如果是同类型的大人之间的比较，让家长上台演讲，当真能做得很好吗？给孩子勇气的最好方式就是接纳孩子的现状，陪伴孩子共同成长。不要盲目地鼓动孩子去做他们暂时还做不到的事情。

第四，科学的注意力训练。注意力作为智力的重要组成部分，影响着儿童青少年的智商，包括社会交往智商。因此，对于注意力差的儿童青少年，我们可以通过科学的方法加以训练。如陪婴幼儿玩藏玩具、找玩具的游戏，让他们寻找感兴趣的玩具，而使他们的注意力集中起来。青少年则可以多玩玩数独、单词迷宫等游戏，可以在锻炼逻辑思维的同时提高注意力水平。

第五，减少无效的社交。小禹参加的状元学习经验分享会对他来说就属于无效的社交。事实上，每个人的知识背景不同，目标和方法也不同。一顿饭局下来，小禹不可能从状元身上学到什么有效的制胜法宝。在与状元的对比下，小禹相形见绌，自然感到自卑和愤怒。

第六，减少使用电子产品的时间。任何年龄阶段的儿童青少年都应减少使用电子产品的时间，可以用绘本代替动画片，用线下益智游戏代替电脑游戏。过度使用电子产品的孩子会出现注意力丧失主动性、思维被限制、缺乏想象力的问题，而且对现实世界的人和物失去兴趣，不愿参加社交活动。

第七，练习“活在当下”的心理力量。活在当下，即活在此时此刻，将注意力集中在现实生活中的特定活动上。比如，我今天是出来和同学聚餐的，那么我当下的世界就在这个餐厅，面对身边熟悉的老同学，我要和他们聊聊近况，要品尝桌上的美食，要感受聚餐的氛围，倾听同伴的话语。

第六节　斤斤计较：你会做个礼物记录本吗

现实生活中，我们经常看到一些孩子特别在意自己在人际交往中得到了什么，付出了什么，生怕自己吃了亏，要是占了便宜就洋洋得意。同学过生日时，他送了价值 50 元钱的礼物。等到他过生日时，同学送了价值 60 元钱的礼物，他就喜笑颜开。如果同学送他价值 45 元钱的礼物，他就感觉自己吃了亏，觉得同学对不起他。他们通常表现出固执、敏感、嫉妒心强、自我评价过高、玻璃心的性格特征。在社交中，这类孩子爱占便宜，不受人欢迎，学习成绩也一般。因为花了太多时间去算鸡毛蒜皮的小账，没有心思专注于自己的学习。在家庭中，这类孩子经常因为一点儿小事跟家长纠缠不休，甚至耍赖皮。

斤斤计较的人格局小，性格偏执——盯着一根树木，就使劲地找这根树木的缺点，却看不见眼前的整片森林。那么，斤斤计较的社交习惯是如何形成的呢？健康的家庭教育是孩子养成良好性格的开端。下面，我们来具体分析在儿童青少年成长的各个年龄阶段中，哪些因素可能导致孩子养成斤斤计较的坏习惯，以及如何矫正这些坏习惯，让孩子的眼界变宽、格局变大。

婴儿期的斤斤计较习惯及心理分析

婴儿的行为习惯还处在无意识的模仿阶段。因此，大人的行为处世方式对孩子的影响很大。如果父母在人际交往中锱铢必较，那么孩子也很容易模仿和学习这种处世方式。

妙妙的妈妈和奶奶关系很紧张，妈妈经常在妙妙面前数落奶奶的不是，说奶奶抠，没有给妙妙花钱。等妈妈上班去了，奶奶又在妙妙面前抱怨妈妈，说妈妈自私，还啃老。妙妙还听不懂妈妈和奶奶的话，但是她能感受到这种微妙的气氛并不友好。妙妙稍微大一点儿时，跟妈妈一起出门看见喜欢的玩具，妈妈就跟妙妙说：“下一次跟奶奶出来时让奶奶给你买。”果然，等奶奶带妙妙出门玩时，妙妙就一个劲儿地缠着奶奶买玩具。

婴儿的是非观还没有建立，他们只是复制大人的语言和行为。妙妙的妈妈为了多占奶奶一点儿便宜，让孩子也跟着去占老人的便宜。孩子并不懂这么做是“占人便宜”，在她看来，只是有个人要满足自己的愿望，那么她会记住，下一次继续找这个人来满足自己的愿望。无形之中，妙妙就养成了占人便宜的习惯。如果哪一天奶奶拒绝给妙妙买东西了，妙妙就会哭闹，认为奶奶坏，奶奶不爱自己了。在这个过程中，妙妙的行为从心理学角度上来看就是一种条件反射。在她有需求时，妈妈教会了她找奶奶撒娇要，而奶奶掏钱满足她的愿望则强化了她的行为，以至于后来，她想要什么，就会去找奶奶。妈妈在这个过程中扮演的则是主导者，操控着妙妙的行为，并为此沾沾自喜。

幼儿期的斤斤计较习惯及心理分析

幼儿处于秩序感的敏感期，他们对事情的分析能力很弱，不能灵活变通地处理问题，一味地认死理，以此来维持自己的秩序感。因此，他们经常表现出斤斤计较的习惯特点。比如，别人动了他的东西，没有放回原处，他会斤斤计较。又或者我们说好的每人3颗糖，但是分到他时恰好少了1颗，他也不依不饶。

自从儿子上了幼儿园，他在家就经常说："妈妈，你碰到我了，快跟我道歉！"我很诧异，但也的确碰到他了，就顺着他的意思跟他道歉了。过了一会儿，他又说："妈妈，你碰到我头发了，快跟我道歉！"我轻声跟他说："宝贝，妈妈不是故意的，你可以原谅妈妈吗？为什么总是要让妈妈道歉呢？"儿子理直气壮地说："老师说，不小心碰到别人要说对不起啊！你碰到我了，为什么不道歉？"原来，儿子是将同伴之间的交际秩序带到家里来了。于是我跟他说："宝贝，在咱们家里，如果妈妈不小心碰到你，或是你不小心碰到妈妈，只要没有让对方不舒服，都不需要提出来，好吗？"儿子似懂非懂，但是经过一段时间的沟通，他已经不再频繁地让家人道歉了。

秩序感是幼儿与这个陌生的世界建立的一种独特的联系，因为这种联系，幼儿获得了安全感。破坏秩序感，会让幼儿内心感到不安，容易产生焦虑和愤怒的情绪。有些幼儿遇到事情爱发脾气，显得斤斤计较，而事实上他闹情绪是因为前面碰到了不开心的事情，找个机会借题发挥以表达自己的不满。

青少年期的斤斤计较习惯及心理分析

在青少年期，斤斤计较的习惯主要源于嫉妒心理。嫉妒是一种颇为复杂的心理，伴有焦虑、悲伤、猜疑、敌意、怨恨和报复等不愉快的情绪。怀有嫉妒心理的青少年，可能会对自己的外貌、身材、成绩、家境、人际关系等感到不满，并对比自己条件优越的人产生怨恨情绪。在跟他人交往的过程中，他们爱比较。如果他们比对方强，就居高临下；如果对方比他们强，则刻意找茬儿。总之，在人际交往中，他们总是不快乐的，也不希望他人快乐。

最近，灿灿在班级优秀学生干部的评选中落败了。她一直耿耿于怀，觉得胜出的同学 A 也并不比她强，甚至在很多地方比她差。于是，她在跟同学 A 聊天时，总是话里带刺地讽刺对方用不正当手段拉票了。对于这种子虚乌有的指控，同学 A 自然是不屑于理睬的，当同学 A 转身离开时，灿灿更加确信自己的推测：“要不是心里有鬼，为什么不当面跟我解释呢？明明是做贼心虚！”从那以后，灿灿将同学 A 在管理班级时的一言一行都记在本子上，不断找茬儿挑刺。

灿灿在遇到挫折时，不能进行正确的自我反思。她没有认知现实，正视自己落选的原因，可能是活动组织能力比他人差一截，又或者单纯就是人缘差，反而无端指责胜出的对手是通过不正当手段当选。面对自己落选的结局，她没有审视自己的不足，规划自己的成长，反而将时间和精力放在挑剔他人的言行上。这种行为，不但伤害了同学之间的情谊，也给自己的心理蒙上了一层阴影。

要想养成不计较的好习惯，我们该怎么做

第一，建设健康家庭，提升孩子的幸福感。幸福的家庭里，家庭成员以付出为荣，他们主动给予对方关心与爱护，不记付出，以对方的笑容为自己最大的满足。在青少年期之前，婴幼儿的习惯完全是复制家长的行为。只要家长以身作则，在长辈面前做孝顺的子女，在孩子面前做豁达的父母，这个家庭就不会养育出斤斤计较的孩子。

第二，直面逆境，提升孩子的复原力。在遭遇困难时，青少年容易怨天尤人，将错误归咎到他人身上，觉得比自己做得好的人都是在跟自己过不去，从而对他们的一言一行都斤斤计较起来。父母要培养孩子的心理韧性，让他们在挫折面前，能够快速找准心理定位，重新站立起来，让自己变得更强大。

第三，增加分享时间，发展孩子的沟通力。高质量的亲子陪伴是孩子拥有豁达人生的基础。在陪伴孩子的过程中，父母要尊重孩子的思想，关注他们的思维方式，用爱来包容他们暂时还没有发展完善的行为习惯，并以榜样的力量，引导他们向美而行。

第四，换位思考，促进孩子的理解力提升。从婴幼儿期的扮演游戏，到青少年期的角色扮演对话，父母可以通过多种方法教孩子学会换位思考，理解对方的心理状态。

第七节　以自我为中心：众星捧月的滋味别人也喜欢

生活中，我们经常会看到有些儿童青少年不分场合地摆起“小皇帝”的架子，听不进去别人的话，认为自己说的都是对的，别人必须服从自己的命令。这种以自我为中心的坏习惯既不利于团队合作，同时也不利于建设自己的人际交往。他们不懂得换位思考，任何事情都只考虑自己是否舒心，即使伤害了别人也无所谓，他们将幸福建立在别人的痛苦之上。

这类人往往坚持利益至上原则，把眼前的利益看得非常重，如果有人否定、反对他们，他们就会用道德绑架的方式，强迫别人牺牲自己的利益。他们缺乏同理心，思考问题时总是以自我为中心，从来不会考虑别人的感受。但是在内心深处，他们又极度缺乏安全感，不信任别人，或多或少都有点儿被害妄想。当别人不能满足他们的要求时，他们会认为是别人故意跟他们作对。在家庭里善用“一哭、二闹、三上吊”，在社会上又巧用道德绑架，不帮、不依他们的人都成了“坏人”。以自我为中心本是儿童青少年成长路上必经的心理特点，但是如果这种心理特点失去了必要的引导和规范，就会导致孩子成长为自私自利的人。下面，我们来具体分析在儿童青少年成长的各个年龄阶段中，以自我为中心的习惯是如何发展变化的。

婴儿期的以自我为中心习惯及心理分析

婴儿完全依赖大人的照料，他们无意识地以自我为中心。婴儿只知道自己的需要，尤其是生理需要。如果他们感觉饿了、渴了、困了、冷了或者哪里不舒服，就会通过哭闹来获得大人的关注，从而满足自己的需要。他们兴奋时，需要大人陪玩。他们不会在乎大人是否困了、是否需要休息。他们只知道自己此刻有需要，如果大人不满足他们的需要，他们就会生气、发脾气、哭闹。他们的吃、喝、拉、撒、睡都离不开大人的照料，他们不断地索取，不分场合地发飙，完全不能控制自己的情绪和欲望。

呦呦的出生改变了全家人的作息习惯。原本一家人有早睡早起的好习惯，自从呦呦出生，她白天不醒、晚上不睡的生物钟打乱了一家人的生活节奏。每到凌晨一点半，呦呦的哭声就像闹钟一样准时响起。全家人都得披起衣服起床，轮流来抱着呦呦，哄她入睡。有时，越摇晃呦呦，她的眼睛睁得就越大。整个夜里，爸爸妈妈、爷爷奶奶齐上阵，冲奶粉、换尿不湿、哄睡。忙到天亮了，呦呦终于满意地睡了。大人却还要收拾自己，开启忙碌的一天。

现代育儿学将呦呦这类婴儿称为“高需求宝宝”，他们需要家长付出数倍的努力来照料，稍有不周到的地方，他们便会哭闹不止。在婴儿期，家长全心全意地照顾高需求宝宝，满足他们的要求，不会造成婴儿长大后的性格问题。如果没有给婴儿细心的照料，经常让他们的需求得不到满足，反而会让他们产生一系列的心理问题，如对这个世界充满怀疑，认为别人不会对自己好，自己所拥有的东西都是不稳定的，自己随时可能会一无所有。

幼儿期的以自我为中心习惯及心理分析

当孩子进入幼儿园，就慢慢理解了自己是独立于父母的个体，是不同于其他人的，也就是说，幼儿期的孩子开始产生了自我意识。随着自我意识的产生，他们开始萌生出物权意识，即这个东西是自己的，不给别人玩。但是看到别人的东西，却也想要，甚至要去抢。因为在他看来——我想要，所以我要去拿。这说明他们的物权归属意识不太成熟，不理解别人的东西与自己的东西有什么不同。

呦呦上了幼儿园以后，经常因为争抢玩具跟同学闹别扭。妈妈为了让呦呦开心，就向幼儿园的老师打听其他孩子都玩什么玩具、幼儿园里有哪些玩具，并给呦呦全部买一份放家里。她以为，这样呦呦就不会因为在幼儿园里没有抢到玩具而哭闹了。可惜事与愿违，呦呦在幼儿园里照样因为抢同学玩具而被老师批评。呦呦委屈地说：“我就想玩那个布娃娃，她为什么不给我玩？”老师说：“小朋友们要轮流玩哦！”呦呦不高兴了：“可是我就想自己玩，我不想给她玩！”呦呦习惯了好玩的玩具都归自己，所以不能忍受与别人共享自己喜欢的东西。

呦呦的以自我为中心的目的不但是为了满足自己的需求，而且延伸到不允许别人获得满足。这并不是呦呦学会了自私自利，想要伤害别人。她的心理期望是自己获得快乐，并认为如果别人也拥有了快乐，会导致自己的快乐消失。事实上，别人的快乐与自己的快乐是可以并存的。更多时候，分享会让彼此都获得快乐。随着呦呦自我意识的完善，以及对他人意识的尊重，她会逐渐学会分享。而呦呦的妈妈购买全部的玩具让呦呦独享的做法是不可取的，这会加剧孩子以自我为中心、唯我独尊的心理。在孩子不懂得等待和分享时，父母要耐心地引导孩子转移注意力，以及学习跟同伴友好沟通的技巧。

青少年期的以自我为中心习惯及心理分析

青少年期是生理和心理飞速发展的时期，是一个人从幼稚走向成熟的关键期。他们半成熟、半幼稚，普遍意识到自己逐渐长大，希望得到大人的认可与尊重；他们强烈要求自立、自尊，自我意识逐步增强；他们始终关注周围事物的变化，努力适应社会环境。但是他们看问题还不够成熟，内在的心理倾向性还不稳定，想问题容易有片面、偏激的倾向，行为上容易出现固执、狭隘的问题。

近几年，在大量的新闻事件中，我们不难发现，引发青少年校园犯罪的多是师生、生生之间的小矛盾，如手机被没收等纪律问题，问题的背后一般都牵扯到家庭教育问题。很多家庭亲子关系不健康，父母对孩子没有正常的教育，不了解孩子的心理，动辄使用家庭暴力，导致孩子对父母产生恐惧，在其他场合受到刺激后引发犯罪。

随着学业竞争压力的增大，认知上的偏激与狭隘会导致青少年以自我为中心，认为自己的想法都是对的。他们不接受批评，对表扬不做辨认分析。与人发生矛盾冲突时，心胸狭隘，不能容纳他人，也不理解他人，一心只在乎自己的输赢。他们容易对小事耿耿于怀，爱钻牛角尖，睚眦必报。这些行为习惯与家庭的教育、社会环境的熏陶，以及青少年认知水平发展不足有关。

要想养成不以自我为中心的好习惯，我们该怎么做

第一，促进儿童青少年的认知水平发展。认知水平在很大程度上影响着一个人对事情的分析和看法。父母应帮助儿童青少年发展认知水平，通过阅读和沟通交流等方式，积累知识；通过实践来检验知识，形成自己的人生观、世界观和价值观，并理解和尊重他人的人生观、世界观和价值观。

第二，重视家庭的教育功能。健康的家庭关系是好性格的发源地，扭曲的家庭关系会滋生自以为是的坏毛病。很多父母虽然是从悲剧式的原生家庭里走出来的，但往后余生的幸福是可以自己把握的。给予孩子爱和宽容，实则是给自己一次新生的机会。有父母的接纳与支持，孩子就不容易走向偏激和狭隘。

第三，重视交流的力量。很多问题一旦说出来，就不那么沉重了。很多以自我为中心的孩子，一心只算计着别人如何对自己不好，自己有多难受，非得报复他人不可。这时，如果父母能鼓励孩子说出心里话，给予孩子正确的引导，疏通孩子的心理压力，他们便会减少一分执拗。

第四，帮助营造健康的社会环境。社会舆论、媒体平台不应

该总是深度报道一些负面案例的猎奇追踪，以挖掘人性之恶，而是应该多做一些正面的引导和教育，给儿童青少年树立榜样，净化社会环境。

第六章

课外活动习惯篇：技多也压身

第一节 跟风：报什么辅导班听谁的

随着教育培训行业的发展，五花八门的辅导班几乎可以承包人的终身发展。从胎教班到老年大学都有丰富的课程供我们选择。在儿童青少年成长的各个年龄阶段中，辅导班也是重要的角色之一。

在不同的年龄阶段，儿童青少年和父母在选择辅导班时考虑的因素不同，报班的目的不同，对辅导班所报的期望也有很大差异。从数量上看，婴儿期选择报班的人最少，幼儿期的居中，青少年期最多。从报班的类型上来看，婴儿期的辅导班多以亲子班为主，幼儿期的辅导班多以兴趣班为主，而青少年期的辅导班则以学科辅导为主。从主动性来看，婴幼儿期报班主要是父母和儿童的主动选择，他们在报班时，认为这些班是可报可不报的。而在青少年期，父母一般认为这些辅导班是必须报的，不报会影响孩子的教育质量甚至人生方向。

下面，我们从儿童青少年成长的各个年龄阶段来看报班到底是如何影响一个家庭的和谐的，以及儿童青少年在辅导班中周旋多年都有怎样的心理变化。

婴儿期的跟风报班习惯及心理分析

针对婴儿的早教班一般都主打亲子课程，他们主张爸爸妈妈、爷爷奶奶或外公外婆轮换着带孩子一起学习正确的带娃知识。从孩子的爬行姿势到回答孩子问题时面部应有的笑容，早教班里的秘诀有很多。

小金的爸爸工作非常忙碌，奶奶是农村人。妈妈觉得自己没有带娃经验，听同事们说靠奶奶的老办法带孩子可能会导致孩子跟不上社会的发展，还是专业的早教机构靠谱。于是，她在小金6个月大时就给他报了昂贵的早教班，期待用“高大上”的育儿理论，来促进小金智力发育、情商发展。妈妈每周带着小金去3次早教班，平均每次花费200元。结果发现老师只是教孩子拿玩具，搭积木，和其他孩子一起比赛爬行。在妈妈看来，这些活动毫无技术含量，在家就能完成。因此，小金的妈妈很失望，有种被“割韭菜”的心痛。

父母给孩子报辅导班时，多数是出于跟风心理，对报班存有不切实际的期望。由于是第一次给孩子报班，父母也缺乏经验，所以报班后发现辅导班的效果跟想象的相差甚远。但是经过一段时间的学习，他们又发现在早教班里，可以跟同道中人交流，孩子也可以跟同龄孩子一起玩耍，也有一定的教育功能和社交意义。尤其是孩子在养成到点去早教班的习惯后，到了熟悉的场地，会表现出兴奋的状态，这让花钱的父母感到物有所值。于是，他们又对早教班有了新的看法，并可能变成早教班的宣传者。

幼儿期的跟风报班习惯及心理分析

幼儿期的辅导班多以兴趣班为主，报班的原因无外乎是孩子的同学报了，邻居家的孩子报了，同事家的孩子报了，为了与他们有共同的话题，为了让孩子多才多艺，父母再一次打开钱袋，为孩子选报辅导班。幼儿期的辅导班种类丰富，大多数的父母会跟孩子沟通，参考孩子的兴趣和爱好，报孩子感兴趣的辅导班。也有一些父母出于功利心，给孩子报一些所谓实用性强的辅导班，如相比于跳舞，他们认为绘画更有可能在将来派上用场。

小言的父母都在金融机构上班，他们深感工作压力大，人际关系复杂。因此，他们希望小言将来从事人际关系相对简单的技术行业。于是他们看准了机器人兴趣班，在小言 3 岁时，就报了价格不菲的全年机器人兴趣班。但小言喜欢唱歌、跳舞，爸爸妈妈认为，唱歌、跳舞不用去报班学，自己玩玩就行了，而机器人制造是技术活，必须从小开始接受专业训练。小言每次去机器人兴趣班都会在教室里捣乱，导致辅导班的老师都受不了了，委婉地劝小言家长退课。

小言的父母显然是被机器人兴趣班天花乱坠的广告给误导了，认为不报班就影响了孩子将来在人工智能领域的发展。其实，3 岁孩子的机器人兴趣班，本质上只是搭建乐高积木的指导，一般家庭都能在家完成这些教学。小言的父母偏信专业的辅导班能给孩子必要的训练，却忽视了孩子自身的兴趣和热情。因此花了冤枉钱，打击了孩子的学习积极性，还伤害了亲子关系。

青少年期的跟风报班习惯及心理分析

青少年正处于中小学阶段，课业压力大，升学竞争激烈。有报告显示，中国60%以上的青少年都参与了辅导班。虽然辅导班类型多样化，但是青少年报的辅导班以学科辅导为主。在报班这件事情上，父母总是在“冲锋陷阵”，四处打听，综合评估，最后不惜花重金为孩子报名，期望辅导班能帮助孩子敲开名校的大门。报告同时显示，过半的青少年并不认可报班行为，他们只是在父母的要求下，被动地参加课外补习，很多时候并不起到多大的作用。

在我生活的城市，某省重点高中的高一重点班共招生40人。重点班录取名单刚公布，当地的某培训机构就立刻晒出了自己的学员名单，40人中有12人来自该辅导班。当然，其他28名同学的名字也陆续出现在各大培训机构的招生广告中。这不禁让人怀疑，难道学霸都是依靠辅导班培训出来的吗？不经过培训班的“提升”，就真的与名校无缘了吗？

近期，还有一些热门的英语辅导机构开始采取饥饿营销的模式，报班的名额需要家长在线抢。这犹如给家长打了一针强心剂，脑袋就像充血了一般，早早地抱着手机准备抢号。

因为有少数学霸在补课，并且他们的补课成效有目共睹，很多家长便将补课与成绩好画上了等号。可他们忽略了一个事实，那就是很多青少年一直在补课，成绩却一直不好。这也可谓是一叶障目吧！父母不采纳青少年的意见，跟风报班，是因为他们有着为孩子引导人生航向的责任感，他们不放心将关乎孩子人生大事的决定交给不成熟的孩子。

要想养成不跟风报班的好习惯，我们该怎么做

第一，报班要尊重孩子的兴趣爱好。三百六十行，行行出状元，没有家长能在一开始就给孩子机会去发展“十八般武艺”，孩子也没有机会发展其他方面的技能，只能走一条传统的老路，这个结果又反证了父母之前的观点。如果父母肯让有绘画天赋的孩子走艺术路线，让有运动天赋的孩子驰骋操场，孩子们也许就不必在辅导班里发呆郁闷了。

第二，能不报班时尽量不报班，把时间交给孩子自己管理。忙碌的学业，再加上排得满满的辅导班，孩子几乎没有时间喘气，更谈不上思考与创新了。在这些机械式的忙碌过程中，孩子失去的不仅是时间的自由，更是思想的自由。尤其是青少年期，这种“唯分数论”的补习策略，会让青少年的价值取向产生扭曲，眼里只剩分数。把时间交给孩子，教会孩子管理时间，分配足够的时间给孩子阅读名著、讨论时政热点、去自然界探索世界，孩子的心不累了、大脑不僵化了、思维灵活了，成绩反而会上来。

第三，坚持让孩子上热爱的辅导班。很多儿童在幼儿园和小学时期培养了兴趣爱好，并参加了一定的专业训练，取得了不错的成绩。可是到了中学阶段之后，因一切以学业为重，父母便强制孩子停止这些业余爱好。这对孩子的打击是很大的，刻苦练习的琴艺或者已渐入佳境的绘画，说放弃就要放弃，会让孩子认为自己热爱的东西并不重要。有些父母还会打击孩子的梦想，强调成绩才是王道。从孩子身心健康发展的角度来看，父母可以跟孩子商量，让孩子选择自己最爱的一门兴趣坚持下去。

第二节　迷恋证书：证书到底有多少含金量

迷恋证书无疑是“择校热”带来的一种新趋势。每年春季，各种升学大战的硝烟就弥漫开来，很多中小学，甚至幼儿园都打着素质教育的旗号，要求学生报名时提交能体现孩子成长过程的科技创新、社会实践、学业水平相关资料，以及突出孩子艺术、体育等方面能力的证明材料。很多家长在儿童青少年成长的过程中，让孩子参加各种各样的证书考级活动，期望在孩子求学时能作为各项能力的证明，提高竞争力。为了让家长在考证路上少走弯路、少被“割韭菜”，本节将具体分析儿童青少年参加的五花八门的证书考试，是否真的能体现孩子的能力水平，以及在考试过程中，孩子的心理都经历了什么样的变化。

普遍受到家长欢迎的证书包括英语等级考试、体育运动类证书、琴类等级证书、绘画等级证书、机器人比赛证书等。在五花八门的考证市场上，有报名交钱即可得到的证书，也有花钱花时间仍然考不到的证书。在考证路上，参加考试的是儿童青少年，经受考验的却是他们的父母和祖辈。下面，我们将具体分析儿童青少年成长路上的考证心路历程。

婴儿期的考证习惯及心理分析

婴儿出生后，需要方方面面的照顾，社会上便开始流行针对婴儿照料者的各种证书考试，如育婴师、儿童营养师等。这些考证机构鼓吹了婴幼儿生理及心理发展的需要，夸大了标准化流程的作用。

婴儿真正需要的是快乐的互动、情感的交流和身体的爱抚。刚刚从母亲身体里出来的婴儿，还不习惯独立生活，他们内心仍然渴望跟母亲连在一起。那些持证上岗的育婴师也好，婴儿洗澡师也好，他们学的同一套操作流程，也不一定适合所有的孩子。尤其是新生儿，他们的需求具有个性化、不稳定的特点，有时，甚至是需要亲子之间的共鸣和心灵感应才能达到理想的育儿效果。

在婴儿期，父母充分认识新生命，有利于将来与孩子共同探索兴趣、锻炼思维、完善人格。将孩子生命之初的养育重任托付给所谓的持证专家，只会让父母错失熟悉孩子的首要机会，也将无缘成为孩子的心灵港湾。

幼儿期的考证习惯及心理分析

前面我们提到的证书虽与婴儿息息相关，但并非是指婴儿参加考试。事实上，幼儿才是考证大军中的基础群体。绘画、体操、钢琴、小提琴、踢球等培训或考级机构等都倡导从幼儿期开始学习技能、准备考级。于是很多家长给孩子报名之前就弄清楚了考试的流程及要求，将孩子送到活动中心，目的就是取得相关的证书。他们不关心孩子是否真的喜爱这项运动，在这项运动中是否获得了快乐和成长，他们关心的是什么时候能够考级、什么时候能够“升级”。

疯狂收集证书的家长又可以分为两类。一类家长是为了收集证书而考级，证书对他们而言，仅仅是用来炫耀的。他们倾向于选择容易获得证书的活动，避开难度大的考试。“我家小孩第一次参加绘画考级，通过啦！”一条朋友圈便是这场活动的终点。另一类家长则“深谋远虑”，根据自己给孩子的长期发展规划，有选择地参加考证，并有明确的考级目标和精细的考证计划。

随着国际交流的加深，我国已经掀起了一股全民宝宝学英语的潮流。妈妈们不辞劳苦地给孩子当外语陪练，希望养出“双语宝宝”，甚至“原版宝宝”（即读英文原版书籍长大的宝宝）。曾经有一名上海幼儿在参加幼儿园面试时，因为出示了自己阅读过的 5000 本英文原版书单而走红网络。这样的幼儿不是个例。然而，这些幼儿读万卷书的效果如何呢？一张考级证书真的能代表幼儿的人文素养吗？对此，我持怀疑的态度。

青少年期的考证习惯及心理分析

幼儿期的考证动力主要来自父母的一腔热血和美好期望，考证的目标是否达成，短时间内还难以验证，因此，父母在陪孩子考证时，心情是愉悦的。而青少年期的考证则经常弄得家里鸡飞狗跳。在繁忙的学业压力下，枯燥的练习已经导致青少年对绘画、钢琴、科技创新等兴趣的热情减退了，考级任务成了悬在他们头上的一把利剑，一不小心就弄得浑身是伤。

晓晨的父母深知中学生压力大，因此要求他必须在升入初中之前考完钢琴十级。已经学琴 10 年的晓晨，将绝大部分的课余时间都放在了练习弹钢琴上，他的内心对钢琴已经产生了抵触心理。因为练琴而导致亲子关系紧张，让孩子提早进入叛逆期，为了减少练琴时间，故意将作业写错，或是磨磨蹭蹭，不按时完成作业；因为练琴，孩子的课外阅读减少，户外活动基本取消，和同学也几乎不交往；因为练琴，父母花费了大量金钱、时间和精力。

他们忘记了演奏音乐原是为了陶冶情操，给人带来快乐的。

青少年在学业和考级的双重压力下越来越焦虑。如果父母再火上浇油地对孩子进行打骂讽刺，则可能会导致青少年走向抑郁。

要想养成不迷恋证书的好习惯，我们该怎么做

第一，保持清醒的头脑，不跟风考证。

抱着“人家考，我也考”这种想法的父母要保持清醒的头脑，避免因为跟风而将孩子拉入“考证大军”。没有清晰的目标、没有理性的规划就盲目地开始练习，会导致孩子对所从事的活动失去兴趣，并且会打击他们的好奇心——他们担心下一次对什么事物表现出好奇心，父母就会让他们去考证，从而减少他们的玩耍时间、限制他们的自由。父母呵护孩子的好奇心，孩子才会渴望了解世界，渴望发展自己的能力去探索和改变世界。

第二，升学途径多样化，不要选孩子最讨厌的那条路。

家长要多做调研，发展孩子多方面的兴趣。一般来说，学校

希望看到学生的能力和经验，能展示这些才能的形式有很多，如志愿者经历、针对一个问题的深入研究报告、旅行时拍摄的照片、长期写作的博客等。

第三，放下功利心，不关注结果，学会欣赏过程。

兴趣爱好可以充实孩子的精神世界。父母对孩子应该不逼不骂，如果孩子真的对所学内容感兴趣，不妨让他们将考证当作一种学习手段，通过规范的指导、有效的练习和系统的考核来夯实自己的基础。

第四，给孩子自由呼吸的时间。

父母要为孩子创造一个令人愉悦的学习环境。孩子在一个宽松愉悦的环境中可以保持精神方面的自由，并逐步养成主动学习的好习惯。用鼓励和肯定代替打压和批判，能使孩子对自己所从事的活动保持热爱。

第五，将决定权交给孩子。

孩子是学习的主体，他们有权决定将来是否成为钢琴家、画家，或者是否想终身拥有某项技能。尤其是在青少年期，当学业和兴趣爱好相冲突时，应由孩子决定是暂时放弃，还是全力以赴冲刺考证。

第三节　学习总比玩耍好：技多不压身

在辅导班的问题上，很多家长普遍持有一种观点，那就是学点什么总比单纯地玩耍强，技多不压身，将来总能派上用场。于是，家长本着给孩子更多选择、更多体验的初衷，将孩子的课余时间排满辅导班，生怕孩子在玩耍中虚度光阴。沉甸甸的担子压在儿童青少年的肩头，让他们看不到希望，只感觉到令人窒息的疲惫和恐惧。有些“望子成龙、望女成凤”的家长甚至喊出：“我宁愿你现在恨我，也不能让你出去玩！以后你会知道我是为你好！”

报辅导班真的比玩耍好吗？我认为持这种观点的家长，首先是对自己不自信；其次是对孩子缺少信心。他们不相信通过自己日常的教育引导，能培养主动学习、积极向上的孩子。他们更加不相信，孩子在自由时间里能做对自己的发展有益的事情。因此，他们宁愿花钱、花时间将孩子送进辅导班，指望有老师看着孩子学习，给孩子严格的要求，通过打卡考核、监督孩子的时间利用率。他们绝不允许孩子有一天或半天的休息时间，一旦看到孩子闲着无聊，他们就着急上火。

事实上，侵占玩耍的时间去上辅导班会导致儿童青少年缺乏休息。缺乏休息的儿童青少年会产生疲劳感，而疲劳会导致他们丧失对学习的热情，并且疲劳会影响儿童青少年的身体发育，可能导致他们记忆力、注意力和理解能力全面下降，甚至引发各种疾病。下面，我们将具体分析儿童青少年在成长的各个年龄阶段中玩耍与学习对他们身心发展的影响。

婴儿期的玩耍与学习习惯及心理分析

婴儿期的玩耍与学习通常是混在一起、分不清的。但是如果你用心去观察，每个家庭给婴儿安排的学习与玩耍的时间是不一样的。婴儿期的学习除了早教班，还有家里大人安排的各种“教学”，如教孩子说话、教孩子听音乐、教孩子爬行等。他们想尽一切办法逗孩子，生怕“冷落”了孩子，或是练习不够，导致孩子说话迟。

六六的奶奶带孩子特别认真负责，她一心想将孩子培养成学霸。从六六出生开始，奶奶就给六六每天安排两节课。上午专注于身体锻炼，如满月后就开始练习抬头，4 个月就开始练习爬行。下午主要是学习认识色彩，辨识声音。为了完成课程，奶奶在六六烦躁哭闹时，总是给六六喝点奶粉，安抚一下，然后继续。虽然基本上是单向教学，六六几乎没有回应，但奶奶一直坚持这项教学。因为她认为孩子呆呆地躺在怀里东张西望，一脸茫然地混过一天是在浪费大好的教育时机。只有积极地给孩子灌输信息，孩子才能加速成长。

婴儿的经历犹如一张白纸，六六奶奶的做法犹如自己拿起一支笔在孩子的脑海里作画。不论画得如何，都不是六六自己的作品。家长过早地给孩子设置了思维的框架，会阻碍孩子创造力的发展。静静地看着孩子的眨眼、微笑、流口水并非是浪费时间，而是建立亲子感情连接的开始。因为上课而将照料的细节都快速略过，会损伤孩子与家人之间的情感交流，导致孩子缺乏家庭归属感、缺乏安全感。

幼儿期的玩耍与学习习惯及心理分析

幼儿的辅导班压力普遍来源于“不输在起跑线上”的口号。辅导班的宗旨在于提前学、超前学，因此，幼儿就得被动接受自己还不能理解的知识。尽管很多辅导班也采用趣味的教学法，但是对内容不理解会导致幼儿在课堂上感到焦虑。

游戏是幼儿期的主导活动。剥夺游戏时间，进行辅导班学习，会导致幼儿更加渴望玩游戏、渴望去教室外面的世界。没有喘息机会的幼儿，大脑很快就僵化了。他们从被动听课变成了被动游戏，任凭老师或其他人主导自己的学习和游戏。

岳岳从小就跟着名师学画画，老师说岳岳很有天赋，他对岳岳提出了高标准的练习要求。岳岳的一笔一画都有严格的规范，一笔画错，老师便严厉批评。岳岳也养成了凡事严格遵守规则的习惯。他的脑海里没有出格的想象，描绘的画面都是规范的画本。渐渐地，岳岳成了复制专家。他能将大师的作品原原本本地临摹下来，却没有自己的想法和创新。

长期“混迹”于辅导班，可能会提前禁锢了孩子的思维。就拿画画来说，小时候绘画，不受约束的孩子，等大一些时候再进行专业的学习，才有可能保有童真与想象力。让幼儿尽情地玩耍，才是最好的安排。

青少年期的玩耍与学习习惯及心理分析

在学校里，我们经常看到小学阶段排满辅导班的青少年，到了中学阶段，成绩会明显下滑。他们做作业时拖拉、磨蹭，在遇到问题时缺乏创造力，对玩电子产品上瘾。原因其实很简单，他们的时间被家长安排得明明白白，他们既没有自主管理时间的意识，也没有自由选择活动的权利。于是，他们能做的事情无非是拖延学习的时间，偷偷增加玩游戏的时间。他们习惯了密集的活动，害怕生活无聊。因此，他们会在感到无聊时，寻找网络信息或以玩游戏来填满自己空虚的内心。他们缺少创造力，也不认为自己需要创造力。因为从小到大，他们所拥有的一切都是被父母安排的。

他们对学习效率低下的状态无动于衷，因为提高学习效率只会让家长安排更多的学习任务，对他们来说并没有什么好处。

小鹏从小就是各种辅导班的“大满贯”。一周 7 天的课余时间都在各种各样的辅导班中穿梭。考试前，小鹏想复习备考。妈妈说：“你一个人复习效率太低了，我给你报了‘考试专家’的考前突击班，你去那儿复习效果肯定好。”小鹏知道自己说再多，也抵不过妈妈的一句“我是为你好”。但是到了考前突击班，他却觉得大脑一片空白，身心疲惫，不知不觉竟然在课堂上睡着了。得知小鹏睡着的事情，妈妈感到心情悲愤，而小鹏只是如释重负地说了句：“我全年都补这么多课，不差这一节两节。”

青少年正处在内心迷茫、心理矛盾的阶段，他们渴望有时间去探索自己的内心世界，可是繁忙的辅导班让他们没有时间去倾听自己内心的声音。他们感到焦虑、烦躁，想挣脱现状，想争取自由。多次抗争失败后，他们只好接受现实，向命运低头，同时在脑海里埋下了悲观的种子。青少年抑郁症的发病率居高不下，自杀事件频发，都与令人窒息的学习和生活节奏分不开。

给青少年留一些空白的时间、自由的空间，让他们紧张的大脑有时间放松，让他们感受到轻松和愉快，才是真正的爱与支持。生活中，青少年多一些“无聊”的时光，便多一些独立思考的契机。

要想养成合理玩耍与学习的好习惯，我们该怎么做

第一，与孩子一起制订时间计划表，将玩耍和学习的比例合理化。

学习和玩耍都是孩子自己的事情。在幼儿期，因为孩子的认知水平有限，父母可能会更多地参与安排孩子的学习和玩耍。到了青少年期，父母可以给出建议和积极向上的指导，但是时间管理的方案应该由孩子自己来做。父母可以和孩子沟通，约定在该学习的时间专注学习任务，不玩手机游戏、不开小差，到了休息时间，孩子想玩耍、想发呆都由他们自己决定，但不能强制规定孩子一天学多少小时、玩多少小时。

第二，实行激励措施。如果学习的效率提高，可追加玩的时间。

和孩子一起制订时间计划表后，还要制订相应的激励方案。比如，孩子一周内都按照约定完成了练习，就可以给孩子一些奖

励。奖励的方案要和孩子约定好。奖品可以是实物，也可以是虚拟物，比如，周末和孩子一起去踏青，或是给孩子买心仪很久的玩具。在这里，我想强调的是，父母一定要遵守约定，不能因为自己的各种“情有可原”的理由而失信于孩子。如果你这么做，孩子很快会有样学样。

第三，给予孩子独立思考的空间。

辅导班，尤其是科目补习班应该是孩子最后的选择。父母要给予孩子时间去折腾，让他们独立思考。不论是科目上的难题，还是重大事情的抉择，要给孩子充分的自主权，这样孩子才能养成凡事靠自己的习惯。

第四，支持孩子享受“无聊”的时光。

有些家长即使给予孩子玩耍的时间，还一定要干涉孩子怎么玩，美其名曰“要玩得有意义”。其实他们忽略了“无聊”的价值。美国心理学家对“无聊”做过调查，结果显示有无聊时光的人更具有创造力。道理很简单，人在无聊时，特别想改变现状，想寻找一些刺激和突破，而他们的大脑放松自在，很容易调动存储的信息，并与自己的想象力相结合，从而获得灵感与创新思维。

第五，发展儿童青少年情感社交的能力。

很多父母给孩子报辅导班，并严格控制孩子的玩耍时间，主要还是因为担心孩子以后的升学与就业，希望孩子练就“十八般武艺”，不被竞争激烈的社会所淘汰。随着人工智能科技的高速发展，很多工作岗位将会被机器人代替。但凡是与人情感交流有关的行业仍是人类的主场。所以，父母要重视发展儿童青少年情感社交的能力，做一个有血有肉、有思想、有个性的社会人。

第四节　网课时间：打游戏还是睡觉

随着网络的发达，网课越来越流行。随着网课政策的上台，教育部门又陆续出台很多规范和建议，试图保障儿童青少年的视力。儿童青少年近视的患病率越来越高，这与他们在小时候用了电子产品，如平板电脑、电视机、手机等有关。一边是不得不网上学习，另一边是视力健康不容忽视，我们该如何协调网课学习与身心健康呢？

其实网课引发的问题远不止视力下降。网课时间打游戏、睡觉、网络直播打赏等问题也越来越频繁地进入公众的视线。网课的学习效果是否能达到线下授课的水平取决于很多因素，包括网络状况、授课老师的线上授课水平、孩子上网络课程时的环境，以及上网课的习惯等。下面，我们将具体分析儿童青少年成长的各个年龄阶段网络学习的习惯特点，并分析其背后的心理变化。

婴儿期的网络上课习惯及心理分析

婴儿在 1 ～ 3 岁是视觉发育的关键期，我们要帮助婴儿养成良好的用眼习惯，不让他们太多接触视频终端或一些电子产品。而现实生活中，很多家长在带孩子时，为了减少孩子哭闹，就会给他们手机或平板电脑，让他们去玩游戏或看动画片。孩子在绚丽的色彩刺激下，渐渐地爱上了电子屏幕。于是，家长又瞄上了网络课程，类似于点击“消消乐”等寓教于乐的早教课程——非常受家长欢迎。

婴儿在上网课的过程中，满足了感官的刺激，锻炼了大脑的反应速度，这是网课的收获。但同时婴儿的眼神开始空洞起来，他们拿起手机就不愿意再放下，视力也出现下降、眼睛出现散光等问题。

幼儿期的网络上课习惯及心理分析

很多幼儿的家长为孩子选择线上课程，是为了图方便，节约接送孩子的时间。同时网课的费用比线下课程低一些，有些家长是抱着“反正很便宜，试试看不吃亏”的心理而给孩子选择了网课。辅导班的网课跟学校的网课不同，学校的网课一般还是自己熟悉的老师，师资水平是有保障的。而五花八门的辅导班网课，我们不知道师资的真实水平，广告上说的名师，很有可能只是一个毫无专业背景的“小白”，经过简单的培训包装就来上课了。另外，老师的亲和力、教学方式、逻辑思维等都会影响孩子的网课效果和网课习惯。

在线外教英语课现在非常火爆，所以各行各业的人都转型来做在线教学了。鑫鑫的父母都在外企上班，为了让孩子早点儿接触英语，就给孩子报了外教英语课。他们事先也做了很多调查，在试听了很多课程之后，感觉某品牌的外教英语线上课不错，就给孩子买了全年的课程。可是鑫鑫上了两个月之后，爸爸妈妈发现他开始说脏话了，平时吃东西也不讲卫生，更是有事没事就卧倒在沙发上玩平板电脑。鑫鑫说：“我们外教说要按自己最舒服的方式说话、吃东西、睡觉啊！”鑫鑫的表现让父母很失望，他们猜到应该是外教的素质不过关，于是他们去查外教的资质和简历，这才发现与网络平台上的介绍根本不是一回事。

幼儿对电脑屏幕另一端的老师是充满好奇的，他们会模仿云端老师的言行，如果父母不加以监管，就可能会导致像鑫鑫这样，养成说脏话、懒散的习惯。

青少年期的网络上课习惯及心理分析

青少年在网课期间开小差、玩游戏、睡觉等问题已经引起了社会的关注。2020 年 2 月 20 日，腾讯 QQ 联合中国儿童中心推出了《青少年网课行为规范》，他们声称这个行为规范能为线上课堂秩序维护提供参考范本，针对学生网课行为进行规范化倡导，方便家长和老师在线上授课期间帮助孩子养成良好的文明礼仪与学习习惯。他们通过朗朗上口的《三字经》形式，对学生网课的课前准备、课上提问、课后复习等多方面行为进行了规范与建议，同时还结合了当下年轻群体喜闻乐见的网络语言，希望通过充满趣味性的方式让学生能够快速接受与理解。

阿飞从今年年初开始，不仅在上学校的网课，父母还给他报了课外辅导的网课。每天从早到晚都对着电脑上课，阿飞觉得自己的大脑已经成了一团糨糊。每天早上起来上课时，阿飞打开电脑登录网课平台，然后自己就趴在桌子上睡觉。什么课前准备、课上提问和课后复习是不存在的，因为课前他还有其他的课，课后也基本上没空闲时间。唯一的空闲时间是晚上，父母下班回来了，会盯着他写作业。这时他不得不装装样子，拿出书本，借着网课的由头同时打开电脑。等父母离开书房他就开始打游戏，听到门外有动静，他就立刻将电脑屏幕切换回学习的界面。

是阿飞不懂事吗？也不尽然。每天对着电脑屏幕上课，青少年的眼睛会疲劳，因为被禁锢在电脑前，不能像在教室一样自由活动，青少年的颈椎神经会麻痹。青少年颈椎不舒服，自然想趴下来缓解一下不适感，而长期的疲惫会导致他昏昏入睡。一天的网课之后，晚上想要放松一下大脑，就与自己的同龄人在游戏中沟通交流，所以，阿飞晚上偷偷打游戏。而打完游戏后，阿飞的眼睛更疼，头也紧绷得更厉害。

要想养成好的网络上课习惯，我们该怎么做

第一，正视网课带来的负面情绪。

网课导致的作业量增加、授课模式不习惯、缺乏互动等问题都给儿童青少年带来了烦恼。网络不畅会引发烦躁情绪，交流不畅会产生苦闷与沮丧，网课效果不佳会导致恐惧不安和紧张焦虑。当孩子产生了这些消极情绪，父母不要回避问题。

父母可以指导孩子用一些技巧去释放这些情绪，比如，把情绪感受写下来，或者以艺术形式表达出来等。如果负面情绪问题很严重，自我调节作用有限，则需要求助专业的心理咨询师。

第二，保持密切且开放的沟通，关注身心健康。

在虚拟教室上课，不能像在实体教室里一样，有问题可以随时跟老师和同学交流。网课中，为了保证课堂秩序，学生客户端一般都是禁言的。学生有了想法、感受和困难也无处表达，容易积累消极情绪，产生心理压力。如对老师布置的作业有不理解的地方在网络上说出来，会容易让老师误解是拒绝作业，而不能像在真实课堂上一样通过眼神和肢体动作就能综合判断对方的真实意图。这时，父母要鼓励孩子将遇到的问题说出来，并采取多种途径跟老师加强交流、增进理解、消除误会。

家长与儿童青少年保持密切的、开放的沟通交流，才能关注和识别儿童青少年的身心健康问题，并为孩子提供心理建设和支持。父母要多关心孩子的情绪状态，多问问“有没有困难，有没有需要帮助的地方”，让孩子感受到父母的信任和支持，不会因为消极情绪而烦恼。

第三，科学地管理学习和运动的时间，提高专注力。

像阿飞那样眼睛疼和感到头脑紧绷，就是身体发出休息和调整作息的信号。本来上网课就容易用眼过度，因此，更需要定时休息，离开电脑屏幕。儿童青少年在身体不适时，如果不及时休息调整，会加重负面情绪。加强体育锻炼，通过运动缓解身体和思想的压力，转移注意力，让大脑得到放松。这会让儿童青少年迅速调整心理状态，满血复活。

儿童青少年每天能够使用的注意力和专注度都是有限制的，如果儿童青少年没有限制一定的学习时间，在家进行超长时间的学习，则是对于自身注意力和专注的过度消耗，效果未必最佳，甚至会影响学习。设置合适的学习时间，让大脑在适量的时间里学习和发挥作用，并且得到合理的休息，才能让儿童青少年的身心都保持健康。

第四，给予孩子愉快的体验。

人性是“追求快乐，逃避痛苦”的，如果学习越来越痛苦，心里就越来越抗拒和逃避。因此，追求快乐是保持学习动力的前提。儿童青少年不能因为网络学习而放弃自己内心的爱好和追求，比如，去唱唱歌、打打球，和朋友们约着一起玩耍，这样与学习就形成了一松一弛的关系，能保持心理的平衡。父母在督促孩子学习的同时，也要尊重孩子的认同感和需求，帮助孩子提高自我管理的能力，帮助他们建立学习上和生活上的责任感，这样不论是网课，还是线下课，他们都不会去逃避学习了。